"建筑学"的教科书

著者　[日]安藤忠雄　　ANDO Tadao
　　　　　石山修武　　ISHIYAMA Osamu
　　　　　木下直之　　KINOSHITA Naoyuki
　　　　　佐佐木睦朗　SASAKI Mutsuro
　　　　　水津牧子　　SUITSU Makiko
　　　　　铃木博之　　SUZUKI Hiroyuki
　　　　　妹岛和世　　SEJIMA Kazuyo
　　　　　田边新一　　TANABE Shinichi
　　　　　内藤广　　　NAITO Hiroshi
　　　　　西泽英和　　NISHIZAWA Hidekazu
　　　　　藤森照信　　FUJIMORI Terunobu
　　　　　松村秀一　　MATSUMURA Shuichi
　　　　　松山岩　　　MATSUYAMA Iwao
　　　　　山岸常人　　YAMAGISHI Tsuneto

译者　　　包慕萍　　　BAO Muping

中国建筑工业出版社

著作权合同登记图字：01-2005-0951 号

图书在版编目（CIP）数据

"建筑学"的教科书/（日）安藤忠雄等著；包慕萍译.—北京：中国建筑工业出版社，2008
ISBN 978-7-112-10464-2

Ⅰ.建… Ⅱ.①安…②包… Ⅲ.建筑学-学习方法 Ⅳ.TU.

中国版本图书馆 CIP 数据核字（2008）第 173048 号

Japanese title：Kenchikugaku no Kyokasho
by Tadao Ando, Osamu Ishiyama, Naoyuki Kinoshita, Mutsuro Sasaki, Makiko Suitsu, Hiroyuki Suzuki, Kazuyo Sejima, Shinichi Tanabe, Hiroshi Naito, Hidekazu Nishizawa, Terunobu Fujimori, Shuichi Matsumura, Iwao Matsuyama, Tsuneto Yamagishi
Copyright © 2003 by SHOKOKUSHA Publishing Co., Ltd.
Onginal Japanese edition
Published by SHOKOKUSHA Publishing Co., Ltd., Tokyo, Japan
※本书由日本彰国社授权翻译出版

责任编辑：白玉美　刘文昕
责任设计：郑秋菊
责任校对：李志立　关　健

"建筑学"的教科书

著者	［日］	安藤忠雄	石山修武	木下直之	佐佐木睦朗	水津牧子
		铃木博之	妹岛和世	田边新一	内藤广	西泽英和
		藤森照信	松村秀一	松山岩	山岸常人	

译者　包慕萍
*
中国建筑工业出版社出版、发行（北京西郊百万庄）
各地新华书店、建筑书店经销
北京嘉泰利德公司制版
北京京华铭诚工贸有限公司印刷
*
开本：880×1230 毫米　1/32　印张：7⅝　字数：220 千字
2009 年 5 月第一版　2020 年 6 月第六次印刷
定价：28.00 元
ISBN 978-7-112-10464-2
（17388）

版权所有　翻印必究
如有印装质量问题，可寄本社退换
（邮政编码 100037）

序：教科书中所没有的另一个版本

这本书虽然名为"建筑学的教科书"，但不是解答专业考题的教科书。相反，这是一本想让读者了解到"建筑学是没有唯一正确答案"的教科书。

另外，通过这本教科书希望让读者明白学习建筑的方法不只是一个。

首先，单是"学建筑"这句话，又可以细分为"学习建筑设计"、"学习建造房屋"、"教别人建造房屋"、"学习建筑的使用方法"、"学习观察建筑"、"学习著述建筑"、"学习怎么画建筑"、"学习修缮建筑"、"学习拆除建筑"、"学习如何保护建筑"等等，有数不清的学习建筑的方法和目的，到底学什么才好，答案也不是唯一的。

第二，学习建筑和年龄、经验没有关系，谁都能学，并且谁都能够做到。但是，怎样才能找到开启建筑学之门的钥匙呢？因为建筑可以从各种各样的角度来考虑，所以学习建筑也可以从不同的角度来开始。

因此，听一听从不同角度和建筑打交道的人们的心得就变得很重要。这本书中装满了"没有答案"的建筑故事。而且，在这本书中谈建筑的人，全是当代令日本的建筑更加激动人心的精英们。

开始编辑这本书时，我感觉到还真是有这么多才能各异的人，在这里给我们谈建筑心得。大家都说出了自己对于建筑的肺腑之言。虽说都是体验感想，但又各有不同。诸多的话题又给读者们呈现了建筑那千变万化的魅力。唯一的共通之处就是不论哪个话题都让我们感觉到"建筑从各种角度来理解都很有意思"、"建筑有无限的可能性"。这正是超越了专业上的差异，经验的深浅，角度的不同而产生的共鸣。为什么会这样呢，这正应验了开场白的那句话"建筑没有唯一正确的答案"。

我感到正因为没有唯一的答案，所以建筑才有意思，也正因为如此，建筑才有无限的可能性。正因为人人都可以思考建筑、人人都可以从中找到自己的答案或者感受建筑的可能性,所以建筑物才会不断地被人们营造、被人们赞美,继而建筑变成了历史和文化。也正因为如此,大家聚在这里谈建筑。

人类在建筑之中生活,在充斥着建筑的风景中旅游,在建筑中工作、思考,最后在建筑中死亡。人类无法逃避建筑,所有的人都和建筑有着不可分割的关系。所以说,所有的人都有必要了解建筑。这本书正是为了给所有的读者提供一个建筑入门的机会而编著的,我非常希望大家都能来思考建筑。

常有人说日本的建筑是世界一流的,可是没有人说日本的城市是美丽的。这是为什么呢?为了搞清楚这个理由,我们大家都有责任来想想建筑的问题。建筑不是和人毫不相干、孤立地矗立在街头上的物体,建筑集聚的地方产生城市,建筑与城市之间并不存在分界线。所以,建筑绝不仅仅是建造者、房产主的个人财产,而是所有被建筑包围着的人们值得珍重、乐在其中的环境。大家思考建筑的深度和广度,不但决定建筑、而且决定城市是否会变得更加美丽。如果本书能够在大家思考建筑的过程中起到抛砖引玉的作用,我们也就觉得非常心满意足了。

东京大学教授·铃木博之
2003年5月

"建筑学"的教科书·目录

序：教科书中所没有的另一个版本　　　　　　　　铃木博之　3

第1课　上午课

邂逅建筑	摇摆的心	安藤忠雄	7
建筑是美丽的	技术和艺术的融合	佐佐木睦朗	21
联结建筑	人类智慧的结晶——建筑	松村秀一	43
建筑是广阔的	雨林深处有什么	内藤广	57

第2课　下午课

建筑是强韧的	关于建筑的强度	铃木博之	71
感受建筑	为了小小的场所	松山岩	87
建筑师很辛苦	建筑师这个职业	妹岛和世	113
建筑是软弱的	自然的力量是伟大的	水津牧子	121
散发毒气的建筑物	"致病屋"（Sick house）的问题	田边新一	137

第3课　晚自习

侦探建筑	特聘建筑师之谜	藤森照信	159
向建筑舞剑	反思历史、从历史来反思	山岸常人	177
修缮建筑	信念，技术与爱心	西泽英和	197
建筑是可疑的	城堡、宫殿、原爆穹顶	木下直之	211
同建筑抗争	给得过且过的人的忠告	石山修武	231

插图、照片出处　　　　　　　　　　　　　　　　　　　　242

第 1 课　上午课

● 邂逅建筑

摇摆的心

安藤忠雄

重访久别的朗香教堂，和30年前第一次看到的姿态一样，而且显得更加苗壮有力、更加牢牢地扎根在大地之中。墙壁像是从地面生长出来的，屋顶造型的凸起曲线也富有雕刻性。混凝土体块在阳光的照射下自在地变换着姿态，创造出光影变幻的完美空间。这个作品一气呵成地开创了用混凝土素材做造型的先例。

只要踏进教堂一步，这回全身都被从各个角度射来的洪水般的光线所吞没。从斜墙上大小开口射入的红、黄、蓝，色彩缤纷且质和量各异的光线，或者平稳、或者挑战似的在地面上描画出清晰的轮廓，宛如光的雕刻。

朗香教堂是1950年至1955年柯布西耶63岁至68岁时的作品。作为现代建筑师，这个时期他已经获得了不可动摇的大师地位。一般来说，这个时候的作品都是沿着自己轻车熟路的创作路线走下去，向圆满、醇熟的方向发展。但是，柯布西耶却抛开过去的"白色时代"，开拓了与过去的风格完全异质的世界，实现了让人瞠目结舌的风格变化。在人生终结即将来临的时刻，他还在不断探索着新的创作的可能性，让我不禁为他毫无厌倦的执著于创新的精神而叹服。

站在朗香教堂前，把自己融入它的空间中，那时就可以看到柯布西耶本人从"白色时代"转变到朗香教堂时在创作上的迷惑、不安与内心中的自我斗争——这些摇摆不定的心理过程就会毫无保留地传达给来访者，对他的自我否定的斗争精神的彻底性，我只有无以名状的感动。

人们经常问我：为什么选择了建筑？这个问题不是三言两语就能说清楚的，每当人们提及这个问题的时候，我都是暧昧地作了回答。不过，其中可以肯定的一个原因就是朗香教堂。我20多岁时，第一次来到西欧旅行，在朗香教堂里体验了强烈的空间感受。不仅是朗香教堂，从年轻时起，我不间断地到各地旅行，游历了各种各样的建筑和城市，这些经历铸造了我当建筑师的血与肉。每一个建筑都招唤着我、引导着我，吸引我走进了建筑世界。

说到建筑，我没有受到过正规的建筑教育，是自学的。要想当建筑师的人，一般来说高中毕业后，上大学进建筑专业，之后再上研究

具有强烈体量感的朗香礼拜堂

朗香礼拜堂的内部空间正如"光的雕刻"一般

生，或者到建筑事务所当学徒，或者考虑去外国留学，总之，以这样或者那样的方式在一定的期间内置身于正规的建筑教育的环境里。但是，我却没有这样的机会，仅仅是因为兴趣的吸引，踏入建筑的世界直到今天。这其间，没有受到任何束缚，能把自己的想法率直地投入到建筑中，但也绝不是一帆风顺地走过来的。

自学最辛苦的事，就是什么时候都是一个人，饱受孤独和焦躁的煎熬，虽说这对自学者来说是理所当然的事。没有一起学习、可以交流想法的同学，也没有给自己出主意、指点迷津的师长。想知道自己已经达到了什么水平，却没有受到客观评价的机会。即使是现在，偶尔也会因此感到不安。

但是，取而代之的是，什么都要自己亲眼去看，自己独立地去思考，根据自己的意志下决定，使自己的身心变得坚强。不会受既有观念的束缚，能尽最大的努力凭着自己的观念，追溯到问题的根源之处去思考。这样的经验积累，使我得以用自己的方式走向"建筑"。无论对象是什么，总是反复地自问自答，和自己对话，这个习惯持续到今天。

没有专业知识，没有太多信息的20多岁的我，决定亲自去看自己感兴趣的东西，以这种方式来学建筑。用自己的身体去感受空间，以此磨练自己的感官使其敏锐。首先，从近的地方开始，遍历日本的传统古建筑，接着去看西洋建筑，渐渐地我的目光投向了全世界。

可是，那时并不像现在这样国际化，对一般的日本人来说，西欧还是非常遥远的，可以弄到手的去欧洲旅游的信息也很有限，英文书的价钱贵得没法儿和现在比。就是这样，我也用仅有的零钱买来海外的建筑杂志看，那里有自己从没见过的景象，有着全新的东西，让我的好奇心不断地膨胀。所以，1965年出国自由化政策一开始，我就立刻决定去欧洲。无论是在知识方面，还是经验方面我都感到深深的不安，但是，与此同时我怎么也抑制不住自己想去亲眼看一看西洋建筑的愿望。

我的旅程是从横滨坐船到俄国的纳霍德卡（Nakhodka），再从那儿坐西伯利亚火车经由莫斯科，从北欧进入欧洲大陆。出发以后，最初的感动是生平第一次看到了地平线。我出生在大阪的老商业街坊，那里狭窄的空间尺度，使我的身体时刻体验着压迫感，说到海，我也只见过濑户内海，所以看见伸向太平洋彼岸的水平线，让我感到莫大的震撼。从哈巴罗夫斯克乘西伯利亚列车，透过车窗看到的地平线也同样让我感动。一周的旅程，景色始终都是湿地平原，一直伸展到遥远的欧洲大陆。这种感觉在岛国日本是绝对理解不到的。在大陆的旅程中我第一次感受到了世界的广大。

也许由于这种"水平"的印象过于强烈，之后，访问的众多的西洋建筑，无论是哪一个都让我强烈地意识到其中的"垂直"性建筑概念。其中，最最明确地意识到垂直概念的是在希腊，当我看到矗立在阿克罗波利斯山丘上的帕提农神庙的时候。

阿克罗波利斯圣地给予了众多的建筑师们以启示，它本身也是西洋古典建筑的原点。柯布西耶也是被阿克罗波利斯圣地迷倒了的人群中的一位，他生平最初的出版著作就是有关帕提农神庙的论述。

我第一次访问阿克罗波利斯圣地是在 10 月。从机场乘公共汽车来到市内，街区的道路戛然而止，道路的尽头，在湛蓝碧空的衬托下的阿克罗波利斯山丘和矗立在山顶上的刚劲有力的帕提农神庙飞入眼帘。

大理石柱子的表面布满了雕刻，在地中海阳光的照耀下，刻画出美丽的阴影。在完美的比例的世界中，形式的意志，通过柱子的垂直性纯粹而直接地表现出来。在这里我感觉到我看到了从西洋建筑理性结晶出来的建筑形式。

在这里对垂直的发现，使我再次认识到，和西洋建筑正好相反的日本建筑所具有的暧昧性，还发现了一个新观点，即日本建筑在构筑城市时，是向水平延伸扩展的。

"水平"和"垂直"，在思考抗拒重力而站立的建筑时，这两个对立的概念非常重要，年轻的时候，我戏剧性地体验了这两个建筑概念的存在，想来是非常幸运的事情。

周游欧洲，体验了从古代到现代的西洋建筑世界，那时，还有一个开了眼界的事儿，就是发现了建筑中光线的存在。这也是日本建筑和西洋建筑在本质上的差异。日本传统建筑的光线是从下面反照进来的。屋檐、纸窗把光线遮住，反射到外廊或庭院中，人们被包围在柔和的光线之中。与此相反，西洋建筑里的光线更加直接，更加有力。光也是建筑的组成要素，人们要操纵它的意识也清楚地表达出来。

比如说，罗马的万神庙，直径约 40 米的球体正好是一个完整的内接圆形式，它是建筑史上罕见的既具备单纯性又具备很高的完成度的建筑。它唯一的开口部就是在半球形穹顶的顶部打开的、直径约 9 米的圆形天窗。在完全封闭的内部空间中，圆柱形的光线从天窗中照射进来。伴随着天空的变换，射进室内的光柱也戏剧性地变化，独立式的内部空间，为了酝酿象征性而设计得很高。光线的戏剧性变化，赋予空间以跳跃感，向观者强烈地诉说着什么。

如何把光线导入内部来表现空间？包括结构和意匠在内，西洋建筑史不正是追求光线的表现力的历史吗？

"建筑是一些搭配起来的体块在光线下辉煌、正确和聪明的表演"（柯布西耶《走向新建筑》，1923 年）。

年轻时的柯布西耶也把光线作为建筑的主题，再三地提到光线。

话说回来，我第一次去欧洲旅行的主要目的是想拜见柯布西耶，也想亲眼看一看、亲手触摸一下他的建筑作品。不仅是他的建筑作品,比什么都让我倍受吸引的是他如何从自学出发,奋斗拼搏,开拓近代建筑之路的人生本身。

到了法国,来到巴黎,找他的事务所,这样把巴黎的街街巷巷转了个差不多。结果却没能实现我的愿望。因为我到巴黎的一个月前,他已经去世了。但是,参观他的作品这一个梦想是不折不扣地实现了。来之前,我只在印刷质量很差的照片里看到柯布西耶的作品,在旅行中,我把他的作品慢慢地、细细地品味,直到自己彻底读懂为止。从巴黎到马赛、朗香,之后再一次回到巴黎。几周的时间里,我每天都去追寻柯布西耶的作品,度过了沉浸在柯布西耶作品之中的日子。

柯布西耶的建筑可分为初期的讴歌现代建筑五原则的白色时代和以朗香教堂为代表的表现素材感和雕塑性的后期作品。当然,刚刚踏进建筑之门的我,当时还没有这样的预备知识。我当时想当然地认为在现代建筑这一个概念范畴里就能理解他的全部作品。

从萨伏伊别墅、拉罗歇-让纳雷住宅、雪铁龙住宅等白色时代的作品到救世军总部、巴黎大学瑞士学生宿舍、1940年代至1950年代的马赛公寓、朗香教堂、拉图雷特修道院。一个个地实地参观了这些作品后,我对柯布西耶最初的看法被推翻了。他的建筑表现的变化幅度如此之大,让我出乎意料、震惊不已。除了柯布西耶独特的、卓越的比例尺度感觉处处可见之外,真是很难相信这是出自同一个建筑师之手的系列作品。"柯布西耶的建筑到底是什么?",在巡礼柯布西耶的作品时,我不停地思考着这个问题。现在想起来,邂逅柯布西耶的作品对我来说,也许可以说是真正意义上的"建筑"的开始。

对以萨伏伊别墅为代表的初期作品用一句话来总结的话,柯布西耶把建筑的理性表现到了登峰造极的地步。为了实现明确的秩序空间,他采用了彻底地纯粹形式,自由自在地组织这些空间,谱写了可称之为"建筑式的散步空间"的活剧。特别值得称赞的是，柯布西耶能对自己的真实作品作出明晰的理论说明。他把初期的理念总结成现代建筑五项原则，即底层架空、屋顶花园、自由平面、自由立面、独立式框架结构。

不仅是对建筑，他对城市也提出了"绿化·阳光·空间"的口号，柯布西耶一直坚持不懈地尝试着对混沌的现实归纳总结出抽象的理念来进行说明。当时，机器变成了象征时代的模式，大众变成了时代的主角，这时柯布西耶最关心的就是如何提高理论的明晰度和透明度。他高超的宣传方式，使得他的方法论成为20世纪建筑的共同语言，在世界中传播。

但是，柯布西耶的明晰透顶的作品，在某一时期突然变得暧昧起来。也就是具象要素被掺了进来。比如说，巴黎大学瑞士学生宿舍的弯曲乱石墙、马赛公寓粗糙的素混凝土墙的材料质感。就像是自己背叛了自己一样，渐渐地柯布西耶的风格开始变化，到最后做出了朗香教堂、拉图雷特修道院这样的作品，这些与过去的白色时代截然不同的迷宫式空间。

裸露素材的粗糙感、时不时地连水平和垂直也排除掉，各种要素毫无顾忌地组合碰撞，构成极度的个性空间；不可预料地突然出现的光和影。在这里，丝毫也感受不到萨伏伊别墅里的"理性"。虽说如此，还不能说这些作品和初期的风格完全断绝了联系。以往的尺度模数、五项原则的手法等等，虽然是隐藏在深处，还是被充分地运用着。在这里，已经没有和他人通用的手法及原理，有的只是柯布西耶的个性。

柯布西耶的转变是一日之间突然降临的吗？带着这样的疑问再一次站在萨伏伊别墅的前面，之前是把它当作现代建筑的典型作品来看，可是，此时看起来它又变了。在它明快的形式背后，已经隐藏着后期柯布西耶作品里的暧昧性和多样性。在它整体中贯彻着的构成原

摇摆的心

象征白色时代的萨伏伊别墅

这个作品创造了空间故事

理,时时因为局部的要求而变形,或者突然出现超越功能、个性强烈的形体。这些现象不是用单一的理论就可以解释的。这样暧昧的部分赋予空间以深度和广度、赋予建筑难以言传的魅力。

可以说,柯布西耶初期时就一直是在头脑里的抽象理念和自己的身体感觉之间徘徊,时而在理性和感觉的冲突和折磨中进行着创作。最后,他完全忠实于自己的感觉,从现代主义的束缚中把自己解放出来,其结果才导致了朗香教堂和拉图雷特修道院那种混沌世界的诞生吧?

受着自己捉摸不定的想法的牵引,在不安和紧张之中,追求无限的可能性的柯布西耶。这样一心追求创新的态度,可以说是建筑师之所以成为建筑师的必要条件吧。

从十几岁的少年时代开始至今30余年间,我恶战苦斗地坚持着建筑创作。接手的一个又一个工程,虽然想法是各种各样的,但是使用代表20世纪的钢材、玻璃、混凝土等材料,遵守严格的几何学构成的手法是一贯的。"我要做对谁都是敞开的建筑和别人做不出来的建筑。在单纯的构成之中实现复杂的空间"。它意味着,我要追求的不是日本建筑那样的从局部走向整体的手法,而是日本建筑所没有的、正是西洋建筑的本质中所有的理性、建筑概念的力量,我设法在自己的建筑中体现它们。同时还要超越伴随现代建筑的普遍性而来的单一性的弊害。

但是,也许是因为作品风格没有可视性的变化,偶尔,可以听到关于我的建筑评论,说我非常顽固地坚持着一个形式,毫不犹豫地在一条道上前进的说法。事实上正好相反。倒不如说,在建筑设计的过程中,我比其他人有更多的犹豫和不安。

我认为建筑设计是以一个设计概念为基础,在各个不同的阶段,反复地调整整体与局部的关系,在二者之间反复地解答,作出一个又一个决定的过程。这时,要把最初的想法贯彻到最后是非常困难的。

在整理各种条件的时候，概念上的矛盾和暧昧性肯定会在某个阶段冒出来。

另外，概念设定也不一定首尾一致。即使在理念上追求建筑概念的一贯性、完整性、明确性，一旦具体到建筑上，很难干干脆脆地把自己的很多想法理性地消灭掉。最初可能想要追求彻底的几何学的整合性，可是突然之间又试着把空间大大地扭曲一下看看；最初定下来的概念是追求明亮、被光线照耀的透明性，可是突然又试着把空间沉到暗处，想试一试不透明的空间。就这样，我也总是迷茫着，反复着试验及修正的过程。

特别是，我感觉到自己追求地下、下沉等"暗空间"的倾向很强烈。回顾一下至今为止的项目，地下空间的想法并不少。从阿卡商店（GALLERIA AKKA，大阪）、考列次奥涅（COLLEZIONE，在东京涉谷的商业综合体）这样小规模的作品到熊本装饰古坟馆、近畿飞鸟博物馆、直岛现代（contemporary）艺术博物馆的大规模建筑为止。1988年的中之岛项目（地下空间）、1996年的大谷石①剧场规划等等，如上所述，都是被我埋在了地下的建筑，正因为是随心所欲地构想了平面方案，我潜意识里的感情倾向更加强烈地显露出来。这种倾向，虽然有程度的差异，可以说从住吉长屋以前的工作直到现在正在进行的项目，在我所有的建筑作品之中都能看到它隐约的影子。

在无声无息的黑暗中跳跃着、没有形体的建筑意向与根据严格的几何学构成而推出的清晰且整体性很高的建筑，在两者之间的对立斗争中，我的建筑诞生了。这种对暗空间的指向性，不是用语言可以说明的，是我身体本能的要求。

---

① 日本关东栃木县宇都宫市大谷町附近特产的淡青绿色的凝灰岩。常用作建筑材料——译者注

这个起因之一可能在于我自己的成长经历,与儿时的成长、生活环境有关。我在玻璃作坊、木工铺、铁匠铺等密集的大阪下町①街区的两坡顶长屋②中长大。

长屋这种建筑类型因为需要而产生,可以说它的居住形式是城市住宅祖型。居住所必需的日照、通风、绿化等被抑制到最小限度,即使是在这样恶劣的条件下也要聚到城市里居住,人们这样的要求导致了长屋的出现。

大阪下町的建筑一般来说都是东西向的狭长平房。地基宽度仅有2到3间(1间为1.8米),进深7、8间大小,玄关是土间③,玄关后面有2到3个房间。这种狭长的宅基连成长排,虽然偶尔有巷子,但大多数邻居之间都是紧挨着,没有缝隙。当然的结果,房间里即使是中午也照不进阳光,中间的房间什么时候都是黑的。

回想在长屋居住的经历,浮现于脑海中的总是被黑暗包围着、要融化于其中的空间感觉。对于住惯了现代的、明亮的、有空调的环境的人们来说可能是难以想像的。对于幼小时就住在长屋的我来说,家里昏暗与狭窄是理所当然的事儿。

在读书的时候,或者是要写什么东西的时候,需要强光的时候,就移动到那个时候光线正好照进来的地方就行。就这样,在不知不觉中,我每天在追逐着随时间变化而变换着的微弱的光线中度过。在我们家,有一个很小的开放空间,那就是西向的后庭。一天之中只有那么一瞬间,从后庭中照进来的阳光非常美丽,直到现在我也清晰地记

---

① 日本近代之前根据身份规定了居住区。下町地处地势低处,多是商人、匠人们居住的街区。它是与地处高台处的武士等上流人居住的"上町"相对——译者注
② 长屋为日本近代以前的中下阶层的城市住宅类型,复数单元式住宅联结为长栋的建筑形式——译者注
③ 住宅中没有铺地板或榻榻米,地面露出的间称为土间。这里可以穿鞋进入——译者注

着那一刹那。

日本建筑空间的本质就是"暗",这种荫翳正是空间,这就是谷崎润一朗的有名的《荫翳礼赞》中的想法。这个小论文精彩地描写出日本特有的美意识,我的建筑师前辈们受到它的很大影响,很多建筑师非常喜欢引用他的话。我也是经朋友的推荐找到谷崎的书,尽我所能地对日本传统进行深入了解。作为对日本建筑文化的评论,即使是现在也很难有超越它的思想。

但是,我说的"暗"空间和《荫翳礼赞》里描写的空间在意思上有所不同。对我来说,"暗"空间不是谷崎那样知识性的评价对象,而是与我的身体密紧地连接在一起的,和身体一体化了的存在。"过去的御殿或妓楼等……"在传统的榻榻米房间里,雍容华贵地欣赏荫翳空间,不是谷崎说的那种暗空间。我说的暗空间是在大阪下町的长屋的一角,现实生活之中,可以说是必然的空间体验。所以,这个"暗"的感觉,超过了自己的想像,强烈地、深入地渗透到心灵深处。

在长屋的生活已经持续了快 40 年。10 年前考虑到和事务所联系方便,搬到附近到处都是的那种公寓楼里。可是至今为止,我感到心情放松的场所还是微暗的空间。

据说建筑师不管是谁,都要反复地进行反思,总有自己回归的原点。对柯布西耶来说那是地中海;在碧绿的天空和大海的背景中熠熠发光的纯白的集落风景;连绵不断的白色石灰墙的街景。对我而言,这个"暗"空间的感觉正是与我生涯相随的原风景。

作为建筑师,只要还要做建筑工作,我就要在光明和黑暗之间、明晰和暧昧之间、理性和身体化了的记忆之间,不断地作出回答和响应,不断地思考。最后要从哪一方面来考虑建筑,我自己也不清楚。

从不到 20 岁起开始搞建筑,什么时候都要问自己"建筑是什么?

建筑可以作什么?"这个设问大概找不到答案吧。我们能够做到的只是对每一个不同条件的项目,尽到极限去思考,找到每一次的个别解答,竭尽全力地做每一个项目,仅仅如此而已。

安藤忠雄/建筑师

● 建筑是美丽的

技术和艺术的融合

佐佐木睦朗

什么是建筑美？

"美是什么？"对于这个根源性的设问，恐怕得不到让谁都满意的答案。即使是把问题置换成"建筑的美是什么？"结果也不会有什么两样吧。为什么这样说，因为对"美"的定义或证明，根本就是不可能的。但是至少有一点是明确的，"美"给我们以愉快的印象，能够唤起我们喜悦的心情。在美丽的自然的怀抱中，访问美丽的城市和建筑的时候，看到优美的绘画和雕刻的时候，我们的心会自然而然地平静下来，喜悦之情充满了内心。这种感情在理论上没有办法说明，并且也没有说明的必要。对自然美的感觉，从太古以来持续到今天，是人类共同的感觉，而对人类的文明和文化的美感，则根据时代、民族、或者个人的嗜好、价值观而变化，是相对的东西。

建筑的美是属于后者的具有代表性的实例，建筑也是文化现象，没有一定程度的知识或修养的话，对一般人来说，它还确实不太好理解。所以，对刚刚要入建筑之门的读者们来说，只好请你们从至今为止的建筑体验，或者从看过的书籍、照片、影像等信息中了解到的建筑里，回想一下对什么样的东西感受到了喜悦，感觉到了美，把这些建筑在脑海中一边挑出来，一边让我们一起想一想美的问题。比如说，如果是日本人的话，大多数的人都会在修学旅行时，实际走访江户初期的两个著名建筑，即桂离宫和日光庙，让我们一起来思考一下它们的建筑美。

哲学家和辻哲朗在桂离宫论的绪论中这样说过：

"这个建筑（桂离宫）和日光庙是在同一时代创作出来的，可是日光庙和桂离宫不仅没有同时代的建筑应有的建筑样式，它们表现出来的反而是作为建筑来讲可以想出的最为极端的相反样式。日光庙用尽了所有的技术倾注在装饰上，装饰之上再加装饰，换句话说就是没完没了地、不知厌倦地把美叠砌在一起，用这种手法来创造至上的美感，桂离宫正好和它相反，尽量地抛弃装饰，尽量地把形体简化下来，以此得到至上的美的表现。所以，认为日光庙很好或者美丽的人们终究不会作出像桂离宫那样的作品，感到桂离宫美的人们到底也不会产生创作日光庙那样的作品的愿望吧？这么相反的两个样式，在同一时代，而且在并非没有接触的人群中产生，这个现象到底意味着什么？"

如和辻明确的评论所表明的那样，人们对建筑所形成的美的意识及创造感觉并不容易发生变化，即使是同时代的人们对建筑美的意识也会极不相近。另外，和辻把问题的焦点集中在建筑装饰的有无上来展开讨论，在这一点上与否定过去的传统样式建筑的装饰美，而追求无装饰之美的20世纪初西欧现代建筑运动的理念是相关联的。建筑美中对装饰的肯定、否定的问题，即使在今天也是本质性的建筑课题，和辻不愧为现代日本哲学家中的代表人物，虽然他是建筑专业的门外汉，却能敏锐地从客观的角度指出问题的核心。

那么，我们建筑专家们对这个问题应该作出怎样的回答呢？总的来说，专家们大多数是站在自己的立场上来解释的。所以，关于建筑美，往往是以各自所处的立场进行个别论述。如哲学或艺术等形而上学的立场；样式或文化等历史主义的立场；科学或技术等客观主义等等诸如此类的不同立场。偶尔也有人对各个立场稍作综合性的论述。就连我们这些专家，对建筑美，也很难从绝对的角度来著述。也就是说，这个问题根据个人的价值观（主义或兴趣）、某一时代或社会背景而变化，无法用绝对论来判定。也正因为如此，建筑美是人们永远追寻，最有魅力的课题。

原本艺术（art）这个词汇，从词源来说就包含着技术和艺术两个方面，用通常的解释来说，"技术就是艺术"。另一方面，建筑的词源

architecture 的 tect 就是技术的意思，接头语的 archi 是指伟大的，同时也指人。也就是说，建筑艺术原来就是指建筑技术的意思，或者反过来说，建筑艺术就是建筑技术本身。这种关系在现代也基本上是成立的，建筑是艺术和技术的辨证统一的结果，建筑美说到底只有创造出了结果、成为现实的形式时才会产生。

笔者的基本观点是彻底地使用技术，让技术本身转化成艺术时，才会产生建筑美，这种想法源于自己的基本思考，即我认为艺术和技术是目的和方法的辨证关系。如上所述，作为一个建筑结构专家，我无法综述建筑美，只能从技术和艺术（结构和建筑意匠）的综合的角度来捕捉。在这里，请让我列举历史上的典型建筑，来把这个问题具体地分析一下。

古典建筑的技术和艺术

在进入中心议题之前，首先简单地说明一下建筑是怎样建造起来的，即它的建造过程。当有人（甲方）因某个目的需要建房子的时候，他（她）要把预算和项目内容整理出来，然后和建筑师们（包括建筑设计、建筑结构和建筑设备的专业设计集团）商量。建筑师把项目说明书再进行专业化的解释，布置建筑的功能，并作出平面图，同时，为了建成安全及舒适的建筑，而综合考虑结构和设备系统，最终结晶为优美的设计。接着，要一边考虑预算的限度，一边把设计图纸具体化，然后交给施工单位（实际承担施工的专业集团），由他们按照设计图纸来建造。以上的过程是古今东西长久不变的建筑营造的全部过程。

在这里，希望大家注意的是，在考虑建筑的时候，建筑的功能和技术（结构＋设备）及美感构成了建筑的基本要素的这一点。古代罗马的大建筑师维特鲁威就对建筑作了简洁的定义，并说"考虑建筑的时候，要顾及它的实用、坚固、美观的关系"。换成现代的说法也就是，"对建筑而言，功能、结构和美的三要素的调和关系至关重要"。再加上设备内容的话，这个原则在现代也是可以成立的最终定义。这些要素基本上是各自独立的，但同时互相之间又有很强的关联。其中，建筑实体也就是结构对建筑的功能和美观产生直接地决定性影响，我认为结构和美观的关系是表里如一的关系。这个论点在现代也同样成立，特别是在技术性制约更强烈的古希腊，比如说像帕提农神庙（公元前438年）这个被奉为西洋建筑的最高典范的古典建筑中，技术的制约性表现得更加显著。

为确立古希腊民主主义而作出贡献的政治家伯里克利[①]竭尽全力地阐明了把民众创建的城市国家的光辉象征——建筑，营造在雅典卫城阿克罗波利斯山丘上的必要性。这个建筑正是帕提农神庙。根据建设倡导人伯里克利的命令，总监督雕刻家菲迪亚斯[②]和建筑师伊克蒂诺（Ictinus）等人承担了建设工作，为了完成大理石的神殿以及镶嵌了黄金和象牙的雅典娜女神像，他们花费了数十年的时间，耗费了大量的资金。据说，帕提农神庙完工的时候，无论是雕刻还是三角山花都极其色彩斑斓。

帕提农神庙现在是废墟。作为主祭神的雅典娜女神像也好，屋顶或顶棚也好，全部都毁掉了，神室及墙壁，柱子，围廊都受到了极端的损伤，雕刻也剥落了，现在的样子是竣工当时无法想象的悲惨状态。尽管如此，这个美丽的废墟仍然向我们传达着各种各样的信息，失去了雕刻的裸露着白色大理石的结构，强劲而纤细，高贵且凛然，

---

① Perikles，BC490~BC429，古希腊雅典的政治家。公元前460年左右以民主派指导人的身份掌握了政权。彻底实行民主政治，在土木，建筑，艺术方面也卓有功绩——译者注

② Pheidias，BC500~BC432左右，古希腊的雕刻家，古典时期雕刻的创造者。帕提农神庙再建的总管。雕刻了帕提农神庙的雅典娜女神像等——译者注

西洋建筑的最高典范帕提农神庙

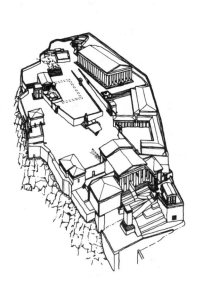

雅典卫城阿克罗波利斯山丘的复原图
（引自 G. P. Stevens）

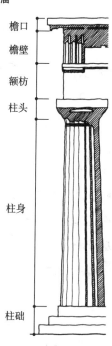

柱式各部分名称（多立克 Doric 式）

它的袭人的存在感向我们叙说着建筑的美和真实。就是现在，从这个废墟的外观（结构）中，我们也可以读得出来，为了实现理性的、高雅的美，它们凝结了巨大的能量。它们向我们诉说着创造美感而需要部分与整体的几何学协调，结构各部分的尺寸和布置需要按一定的几何关系来确立，从而构成整体。

帕提农神庙的结构基本上是用大理石块砌筑墙体，柱子上置放梁的单纯性楣式结构（即梁柱结构的原型），为了保持结构上的强度和安定性，在合理的、最适当的部位上，布置了节点构件。大理石作为结构材料，因其柔软的特性，比较容易吸收外力，具有不易产生集中应力的性质。圆柱柱身的石块之间的插销使用了木质的楔子，让人吃惊的是，即使在地震力这样的水平作用下，柱身的石块之间发生错位，楔子也会分散外力、接纳石块的些许错位，从而防止结构的整体破坏。帕提农神庙的结构看上去再单纯不过了，其实如上所述，在它身上充分地体现了结构方面的材料特性和力学特征，可以说是石造建筑中具有高度技术水平的一例。

另一个让人吃惊的是帕提农的大理石结构中，到处都有被称作为"卷刹"的微妙曲线处理和柱子的倾斜。这是为了修正人们的视错觉，或者说赋予建筑以人性生机的做法，但是就是为了实现这一做法，需要严密的数学计算及微妙的平衡感觉，为此，需要人们付出巨大的劳动和漫长的时间。下面让我来介绍几个实例。

其一：支撑柱子的基础（台基）的短边是30.86米，长边是69.51米，在各边的中心分别有6.5cm和12cm的突起。由此来纠正台基中央看起来凹下去的错觉。但是，这样的凸起影响到梁和屋顶的处理。

其二：柱子的底部直径1.9米，头部减到1.48米，而且，柱子中央部位又有约2厘米左右的凸起。另外，柱子的表面上又雕刻了沟槽。这些做法使得高10.43米的圆柱获得了视觉上的紧张感、优美和纤细。但是也因此造成柱子各枚石块在剖面上的高低差异。

其三：柱子不是垂直的，而是向内倾斜了约7厘米。这样产生了视觉上的安定感，但是如前所述，基坛凸起，柱头部要变细，中央又要鼓起，严格地说，柱子的剖断面全都不一样，要做这样的加工或者施工，需要非常高的精度和技术。

这样的建筑，也就是说为了创造出结构美，以及其他一些技巧，所有这些做法都是在那个时代的技术制约下完成的，可以说都是难上加难的技法。希腊人为了创造美的建筑而倾注的精力让人惊叹。大理石结构的帕提农神庙现在虽然变成了废墟，但是它雄辩着建筑的美与结构的关系，笔者再也找不到比它更合适的实例。帕提农神庙正是石造建筑的技术和艺术得到统一的最高杰作。这正是它成为古希腊美和智慧的象征，被誉为美中之美的神庙，西洋建筑古典中的古典，超越时代地为人们所赞美的原因所在。

现代建筑的技术与艺术

1. 现代的里程碑——埃菲尔铁塔

现代以前，建筑所处的社会环境极其单纯，建筑师是全能的创造者、艺术家和工程师。工业革命以后，现代社会的状况发生巨大的转变，建筑学专业化的结果，导致了建筑师和工程师在职能上的分工。到了现代，技术的进步导致建筑形态的变化，其结果使得建筑美（艺术）的评价标准也发生改变，这是人人皆知的事情。在漫长的建筑历史中，建筑美（对美的感性）随着时代和社会的变革而改变，在新时代中它得到戏剧性的验证，在这里，让我们对现代建筑美的意识的巨大变化来做一考察。

工业革命之后，或者说市民革命以后，以欧洲为中心的现代合理主义思想是促生普遍性科学思考的精神母体，它的应用让工程师和工业飞跃地发展起来。工程师的诞生和工业的发展又使得铁和混凝土这些工业材料取代了石头或砖头等自然材料,现代建筑登上历史舞台,一扫过去的建筑样式。

18世纪后半叶,蒸汽机的发明使得铣铁(用高炉制造出的铸铁)的大量生产成为可能,因铸铁的拱券桥而闻名的"铁桥"也建造出来。19世纪初,铁道出现了,随着资本主义的发展,人口开始向城市集中,人们要求建设至今为止从来没有过的大跨度的车站、工厂、温室、博览会会场等新用途的建筑物。以此为契机,冶金技术从铸铁进步到炼铁,在19世纪后半,又急速地发展到可以生产钢。作为现代的建筑材料,它们被积极广泛地运用到新型建筑的建设中,大跨度的建筑物在短期内、合理经济地建造出来的可能性更加增强了。

在这里希望注意到一点,这些新用途的建筑物的设计人不是艺术家或者建筑师,全部是工程师们创造出来的。1851年伦敦的世界博览会中,用铁和玻璃创造出来的水晶宫是其中的代表作,设计人为园艺家约瑟夫·帕克斯顿和铁路工程师查尔斯·福克斯,两个人都是优秀的工程师。当时建筑界里,建筑美学的主流还是以古典的传统样式为基准,对工程师们创造出来的功能性及理性的建筑美学抱有极大的反感。但是,未曾有的用纤细的铁结构和玻璃创造出来的充满了光线和透明感的大空间,因其崭新的、跟以往的建筑美有着质的不同的新空间迷倒了大众,逐渐地,这些新的建筑美为社会所接受。就这样,19世纪后半叶,与过去的样式主义建筑的美学完全异质的工程美学登上历史舞台,发生了建筑史上罕见的"技术和艺术的斗争"。

因技术进步而使得建筑产生新的变化的时候,艺术领域的人们大都是装作毫不关心的样子,有时候为了保护自己的利益,对新生事物作出不必要的过度的攻击或者过激的反应。典型的实例就是1889年在巴黎世博会前建设埃菲尔铁塔时,艺术家们的抗议书事件。纯粹的工程师、埃菲尔铁塔之父古斯塔夫·埃菲尔创造出来的这个铁塔,众所周知,现在已经成为巴黎的象征,并且,它变成了世界上最优美的纪念碑，受到全世界人们喜爱的历史性建造物。它所得到的今天的高度的艺术评价和当时的艺术家们过激的反应，产生了巨大的落差，这正是证明了建筑美具有时代性和相对性的极端例子。作为有趣的实例，下文引用了抗议书的部分内容。

"我们对毫无损伤地遗留至今的巴黎之美奉上爱心，我们这些作家、画家、雕刻家、建筑师、艺术爱好者一同，对要在我们的首都中心建设的无用且丑恶的、对公众们的良识和正义感充满敌意的、已经被人们叫成巴比伦塔①的埃菲尔塔，以被不正当地贬低了的法国趣味之名；以濒临危机的法国艺术和历史的名义，怀着巨大的愤慨提出抗议……创造了众多杰作的法兰西的灵魂，在历经严寒而开放了的石头艺术中闪烁着光辉……现在的巴黎市，长期以来，与异端之人，即一个工程师的拜金主义妄想勾结在一起，使自己不可扭转地丑化下去，用自己的手在自己的体面上划上伤痕……巴黎圣母院，巴黎宫廷礼拜堂（Sainte Chapelle，1245~1248），圣杰克塔②，卢佛尔宫，残废军人新教堂（1680~1691）的穹顶，凯旋门等等都被那粗野的体块压迫，我们想象一下黑黑的巨大的工厂烟筒就够了。我们所有的纪念建造物都被它侮辱，所有的建筑都被它贬低，它们难道要在哑然失语的梦境中无声地消逝而去吗？所以我们对用螺丝固定的铁板建成的丑恶的柱子和它的丑恶的影子……"（《艺术家们的抗议书》，1887年2月14日卢丹③报）。

---

① 基督教的旧约圣书创世记中记载，因人类建造了要登天的巴比伦高塔，神憎恶人类的自我神格化而故意中断了建塔的工程。因此，在基督教圈里，巴比伦塔转义为不可实现的空洞的计划——译者注

② Saint-Jacque塔，1797年église Saint-Jacque-de-la-Boucherie教堂遭到破坏时，遗留下来的钟楼。此处原本是通向西班牙圣地亚哥之圣地的巡礼路的出发地——译者注

③ Le Temps，"时间"之意。1861年在巴黎创刊。其政策方面的文章通过法国第三共和制对法国及其周边国家产生重大影响。二战时因德军占领而废刊。1944年被卢·蒙德报吸收——译者注

技术和艺术的融合

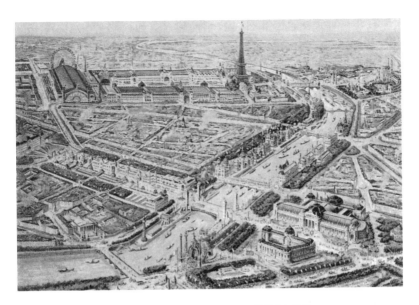

1900年巴黎万国博览会时夺人眼目的埃菲尔铁塔

埃菲尔塔建造于万国博览会（1889年），为了纪念法国革命100周年而建

这个歇斯底里的攻击性抗议书的署名以加尼耶（Charles Garnier，设计了巴黎歌剧院的建筑师）为首，当时的法兰西艺术院和巴黎美术学院等著名的艺术家们的名字成串出现。针对这个抗议书，埃菲尔在卢丹报上登载了反驳的文章，以工程师的立场肯定了铁塔的功能美，说明了巨大人工物所散发的技术美的魅力。我们还可以注意到除了埃菲尔的主张之外，装饰细致的花边使得铁塔更美，也就是说技术的装饰化更强化了铁塔的美。这种当时不常见的建设，被讽刺为黑铁怪物的埃菲尔铁塔，在那之后，自然而然地融入巴黎的景观，今天被世界的人们称赞为无以伦比的优美的建造物而为人们所亲近，考虑到现在的处境，真应该说历史开了个大玩笑，那些应该成为美的创造者的艺术家们的抗议书到底有什么意义呢？

不管怎么说，针对埃菲尔铁塔的抗议运动，正表明了现代技术与艺术互相对立的状态。对那些拘禁在传统的样式建筑的教义和美学的框框里的建筑师来说，铁及混凝土等现代材料和技术成果是很不容易理解的东西，因为各种偏见和误解导致了技术和艺术之间产生混乱。

2. 永远的大圣堂——圣家族大教堂

从另一个角度，也就是和上述的工程师建造建筑不同的角度来论述现代建筑的技术和艺术的问题时，有两个不能忽略的人物，在这里我谈一谈他们的建筑思想。其中的一个人是19世纪法国理性主义（也称合理主义，Rationalism）培育出的伟大的建筑理论家维奥莱·勒·迪克（Violletle Duc）。他同时也是传统建筑修复专家，他不仅进行了历史学的考证，而且从构造合理主义的立场上，对哥特式建筑的结构作了彻底的分析，对哥特样式的建筑结构原理本身进行了探索。他认为结构合理主义的本质来自于结构和形态的一致性，就像希腊建筑那样以单纯的结构造就优美的形态，他认为帕提农神庙是其中最高的典范。他提出几何学和结构才是建筑的出发点，他把几何学形态所拥有的高贵性和明晰性彻底地理论化，甚至断言建筑的形态之美不过是几何学法则和结构原理的严密性所生成的结果而已。而哥特建筑以希腊建筑原理为根基，同时为了达到营造宗教性的崇高感，建造了大规模的建筑空间，把结构要素高度地组织化，将复杂的结构整体组建起来，也就是说哥特建筑使得部分与整体以及建筑的结构原理得到了体系化的发展，更进一步地，从现代的观点，即结构合理主义的观点对中世纪的哥特样式进行了高度的评价。

现代建筑的特性之一可以说是清教徒式（Puritan）的伦理性，要求忠实材料和结构的本质特性是结构理性主义的代表性之一。结构理性主义者维奥莱·勒·迪克的代表性著作《中世纪建筑辞典》和《建筑讲话》变成了19世纪后半20世纪初的前卫建筑师们的圣书，比如说法国的奥库斯特·贝瑞、荷兰的亨德里克·贝尔拉格（Hendrik Petrus Berlage）、德国的贝特·贝伦斯、美国的弗兰克·劳·赖特、西班牙的高迪等这些活跃在现代建筑黎明期的建筑师们在思想上受到了巨大的影响。另外，现代建筑的巨匠密斯·凡·德·罗是贝尔拉格和贝伦斯的弟子，柯布西耶是贝瑞的弟子，他们也通过自己的老师间接地受到维奥莱·勒·迪克的影响。20世纪前半叶，这些现代建筑的巨匠们积极地把现代技术的成果运用在自己的建筑表现之中，合理而美丽的建筑作品一个接一个地诞生。

但是，和现代建筑的主流建筑师密斯、柯布西耶、赖特们以完全不同的方式继承了维奥莱·勒·迪克思想的还有另一个异端巨匠值得一提。他就是西班牙孕育出来的天才建筑师安东尼·高迪（1852－1926）。即使不知道密斯和柯布西耶也好，一般大众们都知道高迪，人们对建筑师有这么大的关心，这在世界上也是很稀有的现象。从著名的巴塞罗那的圣家族大教堂（高迪的遗作，现在仍在建设中，令人赞叹的建筑）中可以看到的那样，高迪的建筑中，装饰复杂且奇异，他那匪夷所思的造型已经是人们所熟知的事了，意外地，人们对他的建筑结构的合理性却不甚知晓。高迪在巴塞罗那建筑学校学习时，他的数学，特别是几何学的成绩非常优秀，他也积极地吸收了当时最先进的结构力学和科学知识，是一位很前卫的学生。其间，他也受到了维奥莱·勒·迪克的结构合理主义思想的巨大影响。当高迪成为建筑师以后，他一边以卡塔路尼亚的文化及其民族独特的个性为背景，一边运用着同理论上似乎决不可能与装饰凑到一起的现代技术，即结构合理主义，以这种方式进行建筑设计。

高迪的建筑造型奇特，装饰复杂，其中融合了表现主义、自然主义、结构合理主义等相互矛盾的多面性，无法仅仅从一个侧面去说明它的全貌。但是，在这里试着分析一下高迪从维奥莱·勒·迪克那里继承来的结构合理主义的侧面。

高迪深入到各个细部去研究了哥特建筑的结构平衡状态，他得出的结论是哥特建筑为了处理水平推力，不得不使用巨大的墩柱和飞扶壁，在结构上说这不是完美的做法。他考虑到如果使用与水平推力方向一致的倾斜柱及抛物线形拱券，受力的传导会变得自然且合理，所以在自己的作品中积极地使用这种做法。可是，至今为止的传统的建筑美学认为，工程上特有的抛物线形在艺术上是低级的，不受欢迎，而高迪特别关注潜在于形式里的结构原理性的强度和安定性，因为抛物线形在结构上的合理性，他积极采用了这一形式。在这里高迪一边继承了维奥莱·勒·迪克的构造合理主义，而同时又对它有所超越，最终与著名的反向悬挂结构模型的构思脱颖而出。

悬吊着的悬索的两端，悬索中只有张力作用，因悬索的自重自然

技术和艺术的融合

从 1883 年就开工了的威严的圣家族大教堂

而然地形成悬垂曲线（近似于抛物线形）。把这个悬垂曲线固定后，向上反过来，对结构产生不利作用的曲应力就完全消失，因此可以得到只有纯粹的压缩力起作用的最合理的结构曲线（即曲应力为零的菲尼可拉连力线）。把这个原理第一次运用到三维空间的建筑上的就是高迪。高迪作了反悬挂结构模型试验，通过实验，使圣家族赎罪大教堂这样复杂的建筑结构和形式表现的合理性得到验证和确定。高迪使用了连续性的旋转抛物面及双曲面，这是对三维的几何学及结构的先驱性研究。这些研究对后来创造出具有动感造型美的混凝土薄壳结构的著名结构家爱德华·拓罗巴、菲利科斯·坎迪拉等人产生了重大的影响。

这样，拥有高度现代工学修养的高迪，在他的一生中持续不懈地探索着被命名为卡塔路尼亚筒拱的地方做法，即使用传统材料和加工方法的拱券做法，他以结构和装饰（技术和艺术）的统一为命题，对砖石结构建筑——这个孕育了卡塔路尼亚地方的历史和风土的建筑表现，进行了彻底的研究。而其集大成者正是圣家族赎罪大教堂，在这里，现代建筑中所抛弃了的装饰与结构融合为一体，我们可以细细地端详它那多变的、好像吐露着气息的模样。高迪过世75年后的今天，他的遗志还在不断地被继承下来，教堂的工程还在进行中。看着这个奇迹般的工程现场，和访问这个地方的一般大众们对它的喜爱程度，虽然是个反证的说法，高迪给未来留下了超越了现代这一个时代的远大的建筑蓝图和思想，在这点上，我认为他是最成功的建筑师。正如高迪在这个建筑上表现的那样，因结构要求而出现的形态是美丽的，这种结构合理主义与建筑的装饰性美（作为文化和历史之美），两者互不可缺的艺术上的统一，是评论建筑美时最本质的问题，这也是现代建筑必须面对的非常重要的课题。

3. 20世纪的神殿建筑——范斯沃斯住宅

技术和艺术的对立问题，埃菲尔铁塔是一个极端的例子，在之后的20世纪的现代建筑中类似的事件反复地发生过，它表达了现代这个时代的根本性格。建筑史家尤利乌斯·珀泽纳（Julius poserner, 1904~1996）在《现代建筑的招待》一书中，对这个问题作了明快的论述。20世纪初期，主要是在欧洲，出现了否定"作为艺术的建筑"的传统观念，挥动着符合工业化新时代的旗帜，倡导"作为技术的建筑"，兴起现代建筑运动，优先建筑的功能和合理性，掀起了没有装饰，具有单纯形态与明快结构的表现才是美的创造的新建筑运动。现代建筑运动的指导人之一——因创立包豪斯学校而闻名的沃尔特·格罗皮乌斯设计了包豪斯校舍，他运用钢结构和玻璃幕墙构成简洁的、具有现代性功能美的作品，在当时可以说是非常进步的建筑师。就连这样进步的格罗皮乌斯，针对钢结构作出了这样的判断："根据理性计算出来的材料强度，和人们凭着本能感受到的建筑部件的几何学调和性有着本质的区别。结构形式和艺术形式是不同的东西。"

可见，当时对钢结构普遍抱有某种猜疑心，总要把计算得出的钢结构断面加粗，这种感觉长期以来不能得到纠正。建筑师们的感觉已经习惯了用石头和砖建造的体块形式，因使用现代化材料和工学技术来创造轻快而纤细的现代建筑的美感，这不是一时半会儿就能达到的目标。

之后，20世纪前半叶的现代建筑师们迎来了最为光辉的时代，此时，现代建筑基本上都使用铁和混凝土等工业材料建造，以结构为首，现代技术成为建筑表现的本质，以及作为不可或缺的要素发展起来。被称为现代建筑三大巨匠的密斯、赖特、柯布西耶等全身心地感

范斯沃斯住宅，用 8 根 H 型钢柱通过熔接固定平屋顶与地板

均质的流动空间、无柱空间的表现

受着工业化社会这一新时代的气息,运用他们敏锐的感觉,把现代技术融合在自己的建筑表现之中,运用各自不同的手法,创造了众多的精美建筑,而为众人景仰。

特别是密斯,彻底地研究了抽象性很强的玻璃和钢结构,又从思想的领域上赋予它们以社会性和文化性的意义,并升华为独到的艺术表现,达到了现代建筑表现的一个极致点。他提出"少就是多"的名言,提出重要的现代空间概念、即均质的流动空间的提案。表现了他的这些思想的作品之一就是范斯沃斯住宅。它就像似用铁和玻璃做成的硬质结晶体,简直就像宝石一般美丽,从整体的构成,到各个细部,用精密的比例感觉赋予它以秩序,密斯运用美丽而简洁的钢结构,创造了完美的建筑之美。范斯沃斯住宅正是钢铁技术和艺术统一起来的钢结构建筑的最高典范。它象征了20世纪的时代精神,虽然是个小作品,却具备了无可比拟的气质和高贵的品格。它被誉为"20世纪的神殿建筑",至今仍得到极高的评价。

说一点个人感想,虽然建设的时代与场所完全不同,社会背景与建筑结构(木结构和钢结构)也截然不同,我有一个印象,那就是范斯沃斯住宅的外观,与用优美而简洁的木结构建造的、达到了完美境地的桂离宫的审美有着非常相似之处。相似的原因,或许源于两者都是建在河边的别墅建筑(神殿式建筑),但是更重要的,不如说在它们的创作中,都贯彻了抽象的、非装饰美的创作态度,同样的创作态度,带来了相似的技巧。最后,我们要记住比起具象的装饰美,抽象的、非装饰的美,是实现近代和现代之建筑美更为一般化的手段。

再论建筑美

以上例举了建筑史上的几个时代性的建筑实例,主要是从建筑技术和艺术的统一这个角度，对各个作品的建筑美的所在，进行了个别的分析。笔者也十分清楚，通过本文所提出的这几个必要的、最小限度的实例来解说建筑美的问题是远远不够的。其他想举的例子，有被视为古典建筑最高典范的古罗马万神庙的穹顶、哥特建筑、文艺复兴建筑等实例，现代建筑的话，想举一些创造了动感造型的薄壳或悬索大空间的建筑实例。这说明世界上存在着众多的可以论述建筑美的素材。

为了追寻建筑之美，到世界各地去旅行是笔者的梦想，作为笔者个人的续篇，在适当的时候想要完成这个愿望。在这里，我把上述的几个实例中总结出来的个人见解归纳一下，并通过这些共通的历史事实，来简单地论述一下现代建筑美的发展方向。

和辻也说过建筑美有两种。也就是以桂离宫为代表的非装饰性美，和以日光庙为代表的装饰美，这是两种完全相反的建筑美、或者说是建筑的美学意识。没法断定哪一个是对的，这完全是相对的问题，对美的个人爱好或价值观，或者根据自我的感觉自由地判断就可以了。但是，无论哪种观点都要具备能够对第三者说清楚的理论性，或是与之相当的判断标准是重要的（顺便说一下，笔者的观点是把重点放在非装饰美的方面，同时选择两者兼容的立场，判断的标准是建筑的技术和艺术的融合程度的完美性）。

首先，在上文中，以古典建筑帕提农神庙为实例，说明了建设时结构和装饰达到了一体化的成果，展现了完美的建筑之美的帕提农，在剥落了装饰变成裸体的构造物的今天，为什么依然保持着完全之美？这一事实，正说明了它是石结构建筑的技术和艺术的统一体，是完成度最高的建筑，兼容了装饰和非装饰的美，具备了无以类比的大气之美。接着我例举了现代的技术和艺术站在对立的立场上的实例，即通过追溯埃菲尔塔建设时的舆论纷争，说明了对建筑或者建造物的美的评价是多么相对的事情。作为现代建筑的技术和艺术融合的实例,我例举了圣家族大教堂和范斯沃斯住宅,前者把结构合理主义与复杂的装饰美统一为一体为目标,创造了现代建筑的奇迹,后者把现代建筑中常用的钢结构技术升华为独特的艺术表现,成为技术和艺术融合为一体的完成度最高的建筑典范。

以上所有的实例都有的共通之处,那就是建筑美只有技术和艺术达到统一时才会实现,历史事实证明,对美的追求所付出的能量与其结果成正比。这一结论对走进 21 世纪的当代建筑也是适用的,实现这样的建筑目标,不仅是笔者,也是所有生活在当代的建筑人士们共同拥有的终极梦想。实际上,比如说笔者参与设计的一个实例,即 2001 年建成的仙台媒体中心(伊东丰雄担任建筑设计,笔者担任了结构设计),在这个设计过程中,笔者怀着要实现技术与艺术的融合之美而竭尽了全力。当然,这个建筑是美还是不美,就请诸君自由地判断吧。如本文所述,建筑之美只有历史才能诉说出它的真实面目。也正因为是这样,美是建筑永远的话题。

佐佐木睦朗/名古屋大学教授·结构师

● 联结建筑

人类智慧的结晶——建筑

松村秀一

联结产业和生活的设计

　　对人类而言建筑是什么东西？建筑是把对人类来说重要的诸类东西联结起来的物体，我想说这种关系才是最有价值的。我对"联结"这个关键词的第一个联想就是建筑是"联结产业和生活的设计"的事物。

　　比如说，一个普通的住宅，承担着某个人的生活的这个住宅，试着想一想到底需要多少个人才能把它建起来？10个人？20个人？还是30个人？不对，不对，可没有那么少。说实话，我也不清楚到底需要多少人，但是30个人肯定不够。

　　首先，光数数工地上工匠的工种就有30多种。大家都知道的工匠种类就有木匠、泥水匠、五金匠、榻榻米匠、瓦匠、排水工、配电工、煤气工等等。每个工种有两个人来干活的话，就会变成60到80个人。

　　而且，出入于住宅施工工地的不仅仅是工匠。木匠使用的柱子、梁等木材是经某处木材加工厂按照规定的断面和长度尺寸加工，接着追下去的话，这些木材又是经林业人之手栽种的。并且，以上所有的人并不只限于日本国内。拿榻榻米来说，承包了建筑工地的榻榻米公司也不是从头到尾全包揽的。榻榻米表面的草席，如果是国产的，有可能是熊本，如果是外国生产的，中国的灯芯草农户们制造的可能性比较高，镶边有可能是国内最大的产地冈山县的专业人士们大量生产的产品。藏在草席里面的垫子说不定是哪个建材公司的加工厂制造的化学产品。也就是说，出入于施工现场的大量工匠们的背后，又有更多的人们从事着住宅的各个部件的加工工作。所以，如果要问建造一个普通的住宅到底需要多少人，没有办法作出正确的回答。

　　从以上话题中，大家可能已经感到了建造一栋建筑实际上需要很多人，需要众多产业的支撑，它们有时会跨越国境发生联系。造房子有趣儿之处就在于每当开始一个新项目，可以去自由构想这一点，比如说"这次的项目让哪个产业的哪个技术来给我们作哪个部件"诸如此类的想法。每一次使用不同的方式或手段来工作。

让我举个例子来说明吧。有一个有趣的美国人叫巴克明斯特·富勒（Buckminster Fuller），20年前他已经过世了，他做过很多有趣儿的建筑。富勒构想出建造独特的球状穹顶的方法，世界上有上千个用这个方法建造起来的穹顶，这件事儿本身也很有名，但是，在发明这个穹顶之前，他长期以来探索的问题是怎样使用先进的科学技术来提高地球上人类的居住水平。在他30出头的1928年，他勾画了好几种使用先进科学技术的住宅草图。

富勒最关心的是住宅整体的轻量化。他的设想是利用当时世界上最先进的美国工业生产技术来制造住宅部件，然后把这些小尺寸的部件打捆包装，用飞船或飞机向全世界运送，所以减轻重量是最重要的课题。实际看一下富勒的草图就可以知道，他打算用硬铝（杜拉铝，Duralumin）这种轻量的铝合金来做住宅的地板、屋顶和外墙。但是，这些材料都是航空产业专用的贵重材料，至今在建筑界中也没有得到运用。不仅如此，富勒的住宅设计简直就像在设计机器一样，使用精密的部件来组装，远远不是当时的建筑产业可以做出来的东西。因此，富勒想到利用航空工业技术实现这个构想。

幸好第二次世界大战结束了，一直生产军用飞机的航空工业的生产能力有余力顾及其他。富勒说服了一个飞机制造厂，实现了他常年以来的"Dymaxion居住机器（Dymaxion house[①]）"的构想。这是1947年的事。遗憾的是，这个项目没有得到商业上的成功，但是富勒的构想把本来与人们的日常生活无缘的航空工业和人们的生活"联结"在一起，从这一点来说，他的设计给人类创造了梦想。顺便说一下，美国的亨利·福特博物馆正在搞这个住宅的复原，有机会的话请你一定去看看。

[①] Dymaxion是富勒创造出来的词，是"dynamic maximum tension"的缩写——译者注

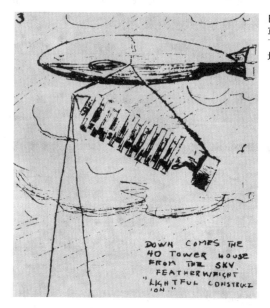

巴克明斯特·富勒的4D住宅草图。4D就是4维思考。用飞机把10层住宅运到世界各地的大胆构想（1928年左右）。

巴克明斯特·富勒的 Dymaxion 居住机器（1947年）

当然，把产业和生活联结在一起的设计，并不是每一个项目都像富勒那样，一定要把超前的产业和人们的日常生活联结在一起。比如把传统产业用前所未有的方式和现在的生活联结起来的设想，虽然不能说这些想法多么超前，但也是建筑设计上值得深究的方法。举例来说，让建筑借用一下至今为止只是用在衣服上的纺织工业的力量；或者是在建筑上应用一下只用在餐具瓷器上的烧陶技术等等。特别是建筑与一般的工业产品的不同之处在于，它在某一个地方建好了以后就不会动了，所以借用当地传统产业的力量的话，可以创造出独到的手法。这样，又会开花结果为当地特有的建筑设计风格。

联结环境和个人的"容器"

建筑是什么，简单易懂的一个解释就是它是保护人们不受严酷的气象条件和外敌侵害的"容器"。的确，最初是这样的。但是，要解释当代的建筑，这个解答我觉得还缺点儿什么。为什么这么说呢，因为现在的建筑不单是抵御严酷的气候和外敌，来保护人们的生活容器，同时，为了使这个"容器"之中的生活更加方便和舒适，而导入了各种机械或工具，而要使这些东西启动的话，又要从外界导入各种能源。正确地说，住宅是装备了从外界导入了电、煤气、水等能源设备的容器。

住宅是保护人们不受外部侵扰的说法没有足够的说服力的另一个原因是这种说法有点儿片面。现在，作为容器的建筑，为了在容器中得到舒适的生活要消费很多能源，而且要把废水及污浊了的空气排到外面去。这些事情或多或少地对外部环境产生影响，所以说建筑不仅仅是保护自己内部环境的容器，在某种意义上，它也有可能被说成是攻击外部的容器。当然，远古的时候"容器"里面也使用水或者火，多少也会排出一些东西，但是它们对外部环境的影响力和今天的情况不可同日而语。

现在的建筑可以说是消费大量能源和水的末端机器似的东西。更进一步地说，这个末端机器还要排出大量的垃圾。所以，考虑到建筑这个容器的输入和排出的功能，不管是在好的意义上，还是坏的意义上说，我觉得与其说它是分隔内外的容器，不如强调它实际上是把外部环境和内部的个人联结在一起的容器。

"建筑真的对外部环境有那么大的作用吗？我不认为是那样，"或许有人会这么说，但是在消耗能源这一点上，除了工业和运输交通消耗的能源之外，其他的能源全部都在建筑这个容器中消耗掉，拿日本的例子来说，室内的能源消费占最终消费总额的 1/4 以上。分析一下家庭中的能源消费的详细内容，就会发现冷热空调占能源消费的 1/2 强，供应热水的能源消费占 3/10 之多。从某种意义上说，这是为了实现舒适的内部环境生活而侵害着外部环境的状态。

不过，这种状态在建筑方面下一些功夫的话，有改善的可能。我为什么说建筑是联结外部环境和内部个人的容器呢，就是因为这个容器的内外，也就是环境和个人的关系可以改变。例如，为了实现同样的室内温热环境，空调消耗的能源量，根据"容器"的做法而会大大地改变。在墙壁和屋顶大量地使用高性能的隔热材料，减少外部环境对室内温热环境的影响是常用的一个手法，另外，也有把自然界的热能巧妙地引用进来，达到室内冬暖夏凉的方法。这种方法被称作是被动式 Passive[①] 方法，白天从窗户和屋顶把太阳能吸收进来储存，到了晚上再把储蓄的能源放出来，这种设计方法也是可能的。这就是我说的"联结内部与外部的设计"的内涵。

当然，建筑这个容器把环境和个人联结起来，其内容不仅仅局限

---

① 所谓的被动性即指不设置机械装置的方法，利用建材的本身特性单纯地利用自然能源——译者注

于能源消耗这一个方面。另一个重要的方面是建筑向外排出的水、垃圾、废弃物等问题。为了解决这个问题，想办法把用过的洗澡水引到厕所中再利用，或者设计时就安放把食物垃圾变成有机肥料的发酵器等等，最近，如何处理建筑这个"容器"本身拆除时产生的废弃物，变成了更为重大的问题。

当前的日本，建筑垃圾的总量年年增加，占产业废弃物总量的20%以上。现在的建筑一般来说都是把各种工业材料复杂地组合在一起使用，因此处理建筑垃圾时出现棘手的问题。其中有能够再资源化和再利用的材料，但是因为它们和其他的材料复杂地组合在一起，要把它们剥离出来另作回收不是一件容易的事。因此，考虑到各种材料好不好分解，在建筑设计阶段就可以下功夫解决。

一种办法是尽量延长建筑使用期限，不让建筑变成垃圾的做法，被称作为"long life building"的方法。还有一种方法，就是想办法在设计上让各部件比较容易分解，以便拆除后很容易地再变成资源或再利用，再有就是在设计阶段就要考虑到材料将来的再利用来进行选择。

日本在建筑主体结构部分使用的三大材料是木材、钢材和混凝土，现在在日本建筑界对这三大材料孰优孰劣的议论，在各种讲演中很盛行，这些辩论和这里提到的环境问题息息相关。各个专家在演说时都拥护自己最擅长运用的材料。例如，木材专家主张木材能吸收二氧化碳并以碳素原子的方式把它固定在内部，不烧掉而长期使用的话对地球环境非常重要。而钢材专家则说把切碎的铁块用电炉融化了以后可以再度资源化，挺着胸膛说没有比钢材更好的再生材料啦。混凝土专家又说不用担心制造混凝土的石灰岩等原材料会枯竭，把混凝土捣碎了以后可以再次利用为混凝土的原料，以此对抗其他专家的论点。

不管他们怎么说，建筑是联结环境和个人的"容器"这个新观点现在已经成为最热门的话题。

联结上下代的空间

刚才使用了"long life building"这个词汇，不用特意造这个词，世上也有很多长寿的建筑。别说十年百年，也有一千年以前营造的法隆寺或东大寺这样的建筑，走访这些伽蓝，人们的思绪会驰骋到遥远的古都。反过来，即使不出去旅行，现在住在已过世的曾祖父、曾祖母建造的住宅里的人也很多。这样的建筑，我称它是"联结上下代的空间"。

像法隆寺或东大寺那种"联结上下代的空间"，人们在这里的活动方式基本没有什么大的变化，而一般大众的生活随着时代变化，即使住在同一个空间里，下一辈的用法不一定和上一辈的人一样。各代根据自己的情况，对继承来的空间想出一些妙招作一些更改，就像地层一样，一层一层地堆积起来，想一些前一代想也没想过的使用方法，开拓继承空间的崭新的可能性，这也正是建筑作为"联结"上下代空间的有意思的地方。

前一些时候去了纽约。在世界金融中心华尔街周围溜达，看到高楼大厦上到处都挂着"for rent"（出租）的牌子。哪一栋大楼都应该是金融企业入住的写字楼，我想挂这个牌子是很奇怪的事儿，就进了一栋高层去看个究竟。进去一看，里面有类似于公寓的样品房间，有一位女职员微笑着拿着说明书。问了之后才知道，这些十几年来一直是写字楼的超高层大楼变成了高级出租公寓。挂了同样的广告牌的超高层大楼都是这种情况。

原来事情是这样的。这条街作为世界屈指的金融街繁荣一时。因此，长期以来因夜间人口少，白天人口多而闻名。可是，近年来，由于信息产业的发展，金融经济的环境也随之改变，金融企业的本部一定要设在华尔街附近的想法变得越来越淡了。把办公室设在自然环境好、建筑面积宽敞的地方,运用网络技术等方式来做生意,抱有这样想法的人越来越多。实际上有些企业已经把本部迁移到很远的地方。因此,写字楼的空房间就越来越多,街道上白天的人口也减少了。夜间本来就没有人的街道,白天的人口再减少的话,这个街道的经营就成了问题。税收减少了不说,维持治安的社会性费用却增加了。这时,纽约市下了决心作了一个决定。也就是把空房间越来越多的写字楼转换成住宅,一个不增加白天的人口而是增加夜间人口的决定。为了促进写字楼改造成住宅,市里又作出对写字楼改造成住宅的工程费不收税的决定。这个政策一发即中地见效了,建成十几年的超高层写字楼一个接一个地被改造成高级出租公寓。这条街本来就是最方便的,超高层的鸟瞰景观也很卓越。想住在这里的人绝对不会少。

在21世纪前夜大放光彩的曼哈顿摩天楼随着这样的有趣儿的功能变化,把不同的世代联结在一起。

在日本,以往房主更换的时候,一般都是把房子拆了重建,这种方法叫做"scrap and build"(解体和再建)。最近,关门了的学校变成艺术家们的工作室(atelier),市中心的银行分店大楼变成了饭店,泡沫经济时建成的职员宿舍变成了高龄人居住的福利设施等等,伴随着大胆的变化,建筑空间把不同的世代联结在一起的实例越来越多。建筑作为联结不同世代的空间价值变得更加重要的时代也许就会到来。另外,在建筑行业,不仅是建成了的房子,就是建造这个行为本身也完全有可能出现"联结"上下代的情形。因为,建造这个行为所花的时间有时候要长于一个人的一生。小规模住宅的话,很少有这样的情况,但是如果是从金融机关借贷款建住宅的话,利息的负担也有可能跨越上下代。像过去的欧洲的教堂建筑,花费一百年以上的岁月来建造的例子太多了。

圣彼得大教堂前广场柱廊

现在仍在建设中的圣家族大教堂的材料堆

其中著名的例子是罗马的圣彼得大教堂。不管是谁都会承认这个建筑空间最为引人注目的地方就是大教堂中央部巨大的穹顶和大教堂前广场上的椭圆形列柱廊，前者为16世纪的天才雕刻家米开朗基罗（1475～1564）设计，后者是17世纪的天才雕刻家伯尼尼（1598～1680）创作的，从构想到建设轻轻松松地超越了世代之隔。

现在建设中的、上世纪末的建筑师高迪在巴塞罗那开始建设的圣家族大教堂是个非常有趣的实例。它在1882年开工，高迪一直到逝世为止用了43年的时间设计施工，结果只完成了地下的祭祀室和东侧基督诞生的立面。实际上直到今天这个工程还在建设中，敬爱高迪的很多匠人们为了完工而倾注着心血。这正是"联结"不同世代的构想的体现。

联结文化的样式

建筑本身被固定在大地上不会移动，它与所在之地人们的生活发生着密切的关系，反映出某一地方或某一时代固有文化的强烈影响。但是，即使在建设过程中受到某一地域或时代固有的生活样式或者文化的影响，等它建成了，这个建筑上表现出来的地域或时代固有的特征，在某种程度上可以总结为一个概念，我们称它为"样式"。这样，"样式"一经确立，在其他地域和时代也可能被应用，变成一种流行，超越地域和时代而流通的情况也时有发生。建筑样式本身是反映某个地域或时代的文化而得到确立的东西，发生上述情况的话，意味着一种文化以相当完整的形式流入到另一种文化。

明治维新后的日本，把日本建设成与欧美列强比肩齐坐的近代国家为目标，以急遽的速度吸收着西欧文化。这时，大众能亲眼看到、亲身体验的建筑起到了重要的作用。为了把西欧的建筑样式引进日本，从欧美招聘的建筑师、工程师等，在这些人中，有一个叫约瑟·康德尔的英国人，新创立的工部大学校造家学科（现在的东京大学工学院建筑学专业）的教学全部委任给他。以辰野金吾为首，年轻有为的日本建筑师西渡欧洲，直接从本源之地体会建筑样式之后，接连不断地设计了日本的近代建筑。在当时瓦屋顶木结构建筑连绵不断的城市风景中，石结构或砖结构的西欧式建筑出现了。对异文化流入的认识，再也没有比这更简单易懂的方式了吧。

这样的例子一个接一个地想起来，我就不能不指出建筑具有"联结"文化的功能。但是，要注意在某一种文化土壤之中确立的建筑样式，不一定可以毫无改变地被导入到另一种文化之中。受到被导入的地域或时代的文化影响，样式会发生一些改变，被移植的样式变成一种"方言"。反过来不如说，这种方言式的变形是常见的，形式不作丝毫改变而被移植的例子反而少见。这就说明，不同文化相互联结的时候并不是单方向的，这一点也正是建筑有趣的地方吧。

我现在在一个钢筋混凝土结构的集合住宅的一角写着这篇文章，我的这个家也是"样式的方言性变形"的例子。最开始，钢筋混凝土结构的多层集合住宅的建筑样式在欧洲得到确立，以后被引进到日本，我住的集合住宅里安装着日式壁橱、日式推拉门，有格子窗的榻榻米房间（即和室），浴室也和欧洲的不一样，是日式的浴槽，按照日本人的入浴习惯，在浴槽外面设有清洗身体的空间。

去了邻国的韩国，也有类似的集合住宅，取代了和室的是有地热的韩国独特的起居室，厨房的一侧设有保存朝鲜泡菜（Kimchi）的小房间。如果去中国台湾的话，那里虽然和日本一样常有地震，但是它的钢筋混凝土结构的做法却和日本不一样。在日本的话，一般都是用外墙和结构一体化的整体结构方式来做钢筋混凝土结构，可是，中国台湾只把柱子做成是钢筋混凝土的，外墙大多是用砖和砌块等材料填充。

中国台湾在日本入侵时期，导入了钢筋混凝土结构技术。伴随着近代建筑样式把钢筋混凝土结构技术带到中国台湾的是日本建筑师和工程师们。当时，日本的钢筋混凝土结构技术也处于黎明期，只把柱子做成钢筋混凝土结构，外墙用砖砌的方法和把柱子和墙壁一体化都做成钢筋混凝土结构的两种方式并存。当然，这两种方法都被引进到中国台湾。可是，1923年日本发生关东大地震时，柱子和外墙没有一体化的结构做法的建筑遭到了巨大的破坏，日本因此更改了建筑法规标准，之后，柱子和壁体一体化的整体式结构方式变成唯一的钢筋混凝土结构方式。可是，这时，中国台湾的法规或设计法没有什么大的改变。最终，因为砖材料便宜，在中国台湾普及了日本已经禁止了的结构方法。现在，日本和中国台湾的做法有很大不同，没有几个人能想起来中国台湾的钢筋混凝土结构技术的源流来自日本。这也表明，通过建筑样式联结不同文化的方式决不是单行线。

当今，各种各样的媒体都在推进着不同文化之间的单向通行的联结方式，资本和商业的国际化好像要把全世界人们的生活方式导向均质化，建筑样式的方言化变形反而导致了建筑的多样性的现象是否还会到处发生，某一地域的某一时代的固有建筑样式等是否还会像以往那样自然地发生，笔者对其前景深感忧虑。但是，想一想前面叙述了的建筑的三个存在意义的话，就会产生一些期待。

作为"联结产业和生活的设计"的建筑，对世界上人们的生活方式均质化的动向具有抵抗的可能性与作用力；作为"联结环境和个人的容器"的建筑，会针对各个地方的固有条件作出相应的多种多样的处理，因此其合理性才会得到承认；作为"联结上下代的空间"的建筑，这种做法本身就需要把那个场所固有的个性发挥出来才会成功。最后，作为"联结不同文化的样式"的建筑，在弹性地互相发生关系之时，建筑和以往一样作为人类智慧的结晶，肯定会充满活力地存在下去。

松村秀一/东京大学副教授·建筑结构·建筑施工管理

● 建筑是广阔的

雨林深处有什么

内藤广

分配给我的命题是写一写建筑专业的广泛性。但是，在规定的页码内把建筑的广泛性面面俱到地写清楚近乎于不可能。也就是说建筑专业有着写不完的方方面面。想来想去，在提示大前提之后从一角度进入论题，从中可以看清什么，以此让大家感受一下这个专业的广泛性。只是，我不希望大家听了这个专业太过广大，又那么深奥，因而知难而退地放弃入门。只要做下去，就会渐渐地做出些名堂。

我希望，志愿学建筑的人，把自己当成要潜入热带雨林的探险家那样。无边无际的雨林广阔无比，在那里可以遭遇各种生物物种，有时又有让人惊叹的美丽风景出现。如果你有探求它的广大的探险之心，你就应该自己储备踏上这条路所需的技能和观察能力。

社会建造建筑，建筑创造社会

20世纪初，地球上的人口大约有14亿。100年后的21世纪出头竟有63亿人生活在地球上。在这一个世纪里，人口增长了4倍多。等这本书的年轻读者迎来老龄的50岁以后，世界人口将超过90亿。也有人说会超过100亿。在亚洲或南美洲将会出现许多相当于今天东京人口2到3倍即3000万人口规模的巨大城市，并且以加速度的方式、在极其短暂的时期内出现。现在大家正要迈进艰难时代。

相反，日本人口在不断地减少，预测50年后会减少到70%，100年后正好变成现在人口的一半。世界上正在为人口爆发而苦恼的时候，日本人口在减少，所以是好事，一般人会这样想。但实际上事情并不那么简单。人口减少一半的话，现在，城市郊区成片的住宅街区就难以维持。只要是住宅街区，道路、上下排水管道、配电系统等等被称作是城市基础设施的社会投资是必要的。这种设施，当然有使用年限，为了维持这些设施，持续性的投资是必要的。投资持续不了的时候，郊外就没法生存下去了。如果找不出在城市用地内小规模的居住方策的话，不久的将来，行政上就会承受不了社会基础设施的投资需求。而且，大多的人都希望住到城市里，这样人口过疏地区就会越来越多。山野或许就这样在被人破坏之后置之不理，而荒芜下去。

那么，怎么办呢，这正是我们现在正在研究的基本课题。当然，这种问题不会有明快的结论，也不会是我们这一代人可以单独解决的问题。也可以说，年轻的读者们也同样肩负着这个课题。不，比起没有多少时间的我们，不如说，这个课题是你们生活着的时代将要发生的你们自身的问题。所以，希望大家不要把这个课题当成是别人的事，当成自己的事来面对自己的人生中逐渐显化出来的问题。

建筑的作用

对于以上的问题，建筑到底可以做点儿什么？我想建筑能做到的事有两个方面。

一个是对不断扩大的物理性变化应该怎样去处理的问题，这和建造技术及法律等社会制度有关。有什么样的技术被开发出来？有什么样的技术才能创造出更好的环境来？再有，为了达到这样的目的，对社会负什么样的责任等制度上的问题。

另一方面，建筑支撑着人们的日常生活，所以其中也存在着心理上的问题。这涉及到什么样的空间才好，给建筑以什么样的形式才好等等重要问题。根据这些情况，技术和制度也会相应地改变。在这种意义上，建筑和文化、哲学、心理学也并非无缘。再有，考虑到建筑的选址的话，也不可避免与历史发生关联。

总之，和建筑相关的专业面很广。建筑是各种各样的专业相互交错的一个场所。

窥视人类的窗口

每天，在我们的视野里，我们身体周围的一切都是建筑。从早晨起床到晚上睡觉，甚至睡眠之中，我们都在建筑的围绕中生活。每一个人在出生之时就和建筑发生关系，之后自己的一辈子，甚至死去的瞬间绝大多数的人们都会与建筑有千丝万缕的联系，搞设计要把这些考虑到，并且要全力以赴地去实践，也许一听这些会产生绝望的心情，因为，必须要处理的事情太过庞大了。

建筑这个专业很广阔。世上的什么事情都和建筑息息相关。从建筑这个窥视之窗差不多可以看到世上所有的事。技术、艺术、哲学、政治、制度、历史、环境，什么都有。所以，这个窗户本身可能不大，但是从这个窗口可以得到非常广阔的视野。

从建筑的窥视之窗可以看到什么样的风景，让我们来试一试。接下来的内容可能会东一头西一头的，很散漫。从远处的景色到近处的景色，从大东西到小东西，有时用望远镜，有时用显微镜。总之，带着去建筑世界的广阔天地里去散步的心情，我想给大家导游一下建筑世界的一个小小的角落。与其说是导游，不如说是随心所欲地散步，要把大家带到哪里我还没有定下来。只是请大家陪着我随意地转一转。

建筑的诸种材料

建筑上使用着各种各样的材料。钢、混凝土、玻璃、木材，还有面砖、瓦等陶制品，此外还有塑料、胶粘剂等化学材料，以及布匹等等，要数的话是数不完的。要盖房子，就要对这些所有的材料都有一定程度的了解。当然，要想把哪一种材料都搞得透彻是近乎不可能的事，人一辈子的时间还远远不够用。

关于各种各样的物质，有各自精通的专家，他们是制造产品的匠人或者有高度专业知识的行家或研究者。建筑师一边借鉴这些人的智慧，一边搞设计。即使是这样，要向这些专业人士乞求指导或者一起工作的时候，必须有一定程度的知识。因为，有一定程度的知识，并谦虚地求教，才能理解那些花费了自己的一生从事研究的专业人士所提供的知识。

以木材为例

例如，拿木材的例子来想一想。首先，请大家联想一下杉木柱子。如果是木结构的住宅里，哪儿都常用杉木材料。这是大家身边常见的，最普遍的材料。从这个木柱讲起，看看我们都能看到什么，请和我一起走一走。

让我们从简单的事开始着手。首先，柱子也好，其他的什么部件也好，让我们认认真真地看看身边的杉木材料的年轮。年轮的纹路密，就说明它是从发育缓慢的寒冷地带采伐来的木材，年轮纹路稀疏的话，可以知道它来自温暖地带。

我见过西伯利亚的杉材，虽然在日本不把它当建材来用，它和我们平时知道的杉木年轮不同。年轮的纹路宽度只有1毫米左右。这是因为在寒冷地域生长的木材，一年里真的是只能长一点点，是看起来就很硬的材料。但是，在高知或宫崎等温暖地域采伐的杉木则因其生长速度快，年轮的木纹很宽，所以很软。它不是高强度材料，但是有便宜且好加工的优点。从材料的整体来看，红色树芯部分露在表面的话，通常都显得太抢眼，所以在室内可以看见的部位很少用。常用于室内看不见的柱子、地板下、或屋架里。

杉树本身的色调也因环境条件不同而微妙地变化。特别是切割成板材放一段时间以后，因空气的作用而变色，变化了的色调反映出当地土壤里所含成分氧化后的色彩。如果铁的成分多，就会发红；其他的金属成分多，就会发黑。

接下来让我们再看看山上的情况。

构成当今山岳风景的杉树

风景和木材的密切关系

现在，我们看到的山上的风景，大多是战后种植的杉树和扁柏（日本扁柏，学名 Chamaecyparis Obtusa）。为了让化为焦土的日本复兴起来，人们想到杉树和扁柏可以加工成住宅构件等，当作建筑材料使用，大量生产是必然趋势。因此，到处种杉树和扁柏。

但是，在传统的山乡集落附近的山上，原本生长着各种各样的树种，以此支撑山村的生活。当燃料用的树、做工艺品的树、可以采摘山菜的森林等等，形态各异的林木分布各处。不用说，它们都是符合当地的地理及地形条件的。在靠近海的山上，听说种了渔师们做渔具使用的各种各样的树种，有可以浮在海面的轻质木材、做船桨用的不易磨损的硬木等等，在渔业上大有用途、种类各异、适宜实用的木材，为了持续地供给这些材料，保持诸类树种的森林生态被延续下来。

过去，山上的风景和现在映入我们眼帘的到处种满了杉树和扁柏等针叶树的风景应该完全不同。针叶树的绿色比阔叶树浓，绿得发黑。所以，现在的山上风景给人以幽暗的印象。这样想的话，历史上的文学作品所描写的自然和我们现在眼里的自然真是天差地别。在古典文学中出现的森林或是山丘所呈现的景像肯定和现在不一样。

扭曲了的生态系统

为了战后的复兴，各地区都大量地种植杉树和扁柏，到处都变成了杉树和扁柏的纯林，这种作法后来造成了很多严重后果。当然原因不应该都推到森林上，不过，杉树花粉症蔓延得这么厉害，山上都是清一色的杉树这一事实，也确实是一大原因所在。说点题外话，有人说杉树这么拼命地播散花粉，原因在于大气污染。环境变化了，即使是杉树也要想法活下去，为了繁衍子孙尽可能多地制造花粉。

山上的植被变得如此地单一，要恢复到原本的自然生态系统需要多少年呢，我问过植物学专家，他们也不十分清楚，推测可能需要200年左右的时间。他们是这样分析的，对现状放置不管，这样，密生林中能生存的和不能生存的植物会被自然选择，这需要100年时间。这个阶段，得以生存的树变成大树，倒下的树，变成下面的土壤，变成植被的养分。再过100年，适合这个地方的针叶树和阔叶树的混合树种的森林才会出现。

但是，事情也不会那么简单。下雨的时候，山丘会暂时起到蓄水作用。如果山上没长一棵树，雨水会突然冲到山谷，流入河床引起洪水泛滥。一般来说，针叶林比阔叶林保水力低。即使是那样，针叶树林也可以起到暂时性的积蓄雨水的作用。在针叶树林的生态系统恢复过程中，山林一旦荒芜了的话，可以预计会发生很大的自然灾害，那会对周围的住宅造成破坏，我们不可能放置200年不管。

政治决策

为了控制地球环境的二氧化碳总量，日本政府签署了"京都协议书"。

这个签字意味着日本政府向国际社会作了保证，2008年之后的五年之内，要促使二氧化碳的平均排放量比1990年排放量减少6%。为了达到这个削减目标，各种对策中，木材可以起到重要作用。树木可以吸收二氧化碳，释放氧气。如果换个说法，可以说二氧化碳被树木固定在体内了。如果森林很多的话，那么二氧化碳就不会过多地充斥在空气中，会被树木所吸收。

人们常常强调森林绝对量的重要性。并且，如果大量地使用木材的话，就会得到二氧化碳减少的好结果。当然，不用说，砍伐树木是以在那个地方再度植树为前提。像日本这样以杉树和扁柏为主的森林，做间伐、除草，数年之后进行采伐，通过这种管理方式，森林的植树与采伐的循环体系要和社会整体挂钩，否则森林就维持不下去。

政府的目标是把1999年2000万立方米的木材使用量（砍伐量）到2010年为止增加到2500万立方米。在森林吸收二氧化碳的能力得到很好地保证的基础上，达成这个目标，就意味着2292万公斤的二氧化碳被树木固定下来。总之，增加木材的使用量，以此达到把居住环境也变成木材储备库的目标。但是，为了达成这些目标，还有各种各样的问题等待着解决。

目前，国产木材的使用量极其之少。我向几个林业县打听过，住宅建材的八成都是廉价的进口木材。只有两成是国产木材。美国和加拿大等国家，在宽广的土地上做规划，植树造林，并能长出粗大的树木，效率高且合理。而国内林业在陡峭的山岳地带植树造林，成本很高，因此在价格上和他们没法竞争。

另外，住宅建材在销售市场方面也有问题。阪神·淡路大地震以后，倒塌的木结构房屋的负面影响广为流传，造成人们认为木结构耐震性不好的印象。由于这个影响，近几年，各住宅制造厂商大大地拓展了市场。震灾之后，我马上就去了地震区。根据我的考察体会，得出这个结论，坍塌的建筑物都该塌。特别是整个都坍塌了的木结构建筑，比如在一层开了超大窗户的店铺兼住宅的例子，这些坍塌了的建筑，大多数都是把木结构的受力原理置之度外的必然结果。即便是木结构，好好地处理的话，也能做出结实的建筑物。为了提高木材的需求量，应该把木结构的真实情况好好地宣传给大众。

树木和山川息息相关

战后，与在山地植树造林的政策如出一辙，治理河川的工程也飞速展开。为了阻止洪水的发生，高效率地把河水排到海里，筑起堤防，修改河道，为了抵御沙土的流失在各地建设了防沙堤。这些都是土木工程方面的话题。换句话说，因为蓄水量低的针叶林增多了，为了弥补这个缺陷而治理河川。这些土木工程实际上变成了改造自然的陪绑者，并且是没有终点的恶性循环。

现在，从战后一直持续到今天的各种政策遭到了众多指责。问题的关键是要构筑与自然平衡相处的关系。不用说，在反省建水坝和修河川等水利工程方面的作法是否适宜的时候，直接牵涉到山丘和森林的问题。问题扯到这里来，就等于是一脚插进了环境问题里。森林学，植物学，环境保护和生态系统等等领域又走进我们的视野。更进一步地，山上的树怎么砍，怎样加工变成实际能使用的材料，如果再考虑通过什么途径它们才能变成建筑物使用的材料的话，我们又会触及流通和经济问题。

木材技术开发的紧迫性

话题扯得很远了。让我们的话题再回到杉树。杉树生长速度很快，有50年就能成材。因此年轮的纹路很宽，木质很软。一般来说，木质软的树木都有能驱虫的分泌物。过去，哪家都有桐木柜子。它也成了女子出嫁的嫁妆的代名词。木质软，又不想让自己的身体被虫蛀，所以，它们有天衣无缝的自我防卫的手段，树也有树的妙主意。人们巧妙地利用桐木的这个特性，用它来作衣橱。杉木也有驱虫的效果。因此，重要文物收藏库的内部装饰往往使用杉木。

虽然都叫杉树，杉树也分不同的种类。各地区为了培植树木，积累了智慧和经验，并以此为根基发展成当地的代表性产业。宫崎县的日南市有一个叫钦肥的地方，这里的钦肥杉树油分多，所以有黏度，在船舶制造业上得到广泛运用。京都的北山杉的木纹整齐美丽，多使用在室内装修的可视部位。由此可见，虽说都是杉木，各有各自的特性，根据其特性用途也不同。

杉树和扁柏对土壤成分的要求不同。听说，过去要分杉树地、扁柏地，这样选择适宜于诸树种的性质来使用土地。战后的植树造林，根本不管这些老规矩，只种那些在哪儿都畅销的，或者是政府发补助金的树种。现在，陡峭的群山的深处都被这样的树林占满了。这些地方很不方便，有心想做间伐一类的山林管理措施，在实施上也相当困难，效率也很低。当然，因此花费巨大。这些山怎么办，这些自然怎么办，今后还需要依靠众人的智慧来解决这些问题。

木结构是美丽的

经常看见传统施工方法的木结构上梁情景。很多读者也看到过梁柱骨架搭起来的样子吧。每次看到这个情景，我都会想，传统施工方法的木结构建筑技术真厉害。混凝土基础做好之后，在上面立梁柱骨架，只要不是巨大规模，一天之间组合结构框架的工作就会结束。事前必要的部件都已经加工好了，组装在极短的时间内就能做完。被称作为传统施工方法的木结构技术在江户初期的町屋①建设中得以确立。在此之前，这个木结构技术只在城堡、神社、佛阁等特权阶级的建筑上使用，到了江户时代，才变成大众住宅普遍应用的技术。木材的粗细、长短规格、榫卯的接口、架构的方法等等，坚持不懈地开发技术，最终创造了我们的文化特色，变成贵重的财产。几百年来，我们不断地承蒙着它的恩泽。

如果用一句话对这个技术的特征加以总结的话，那就是标准化。正因为规格标准化了，开拓了种种应用及发展的可能性。无论多么复

---

① 町屋为日本近代之前城市里的前店后宅式的建筑类型。面阔窄，进深很深，宅基地呈纵长形状——译者注

杂的地基条件，都可以在标准化技术的可应变范围内建造建筑物。这么精细、完成度又高、并且被普及了的技术，在全世界也找不到同类的例子。

可是另一方面，建筑师们却在这个完成度极高的技术遗产上盘腿而坐，无所事事。在木材的新技术开发方面，直到最近几年为止，一直是处于思考停滞的状态。钢材和混凝土的技术发生了日新月异的进步，而重新重视木材是最近这10年的事吧。环境问题和致病屋（sickhouse）等变成了世人关心的焦点，人们对木材的看法才开始改变。几种新的木材料问世，关于它们的技术开发也渐渐地变成人们关心的话题。新的木材时代肯定会到来。400年前的木匠们汇集了那个时代的所有智慧，创造了高水平的木材技术，并且把这种技术升华到能够被广泛运用的水平。可以毫不夸张地说，当今的时代对我们也提出了同样的命题。

即将上市的新性能木材

新的木材正逐渐地上市。其中的典型一例是"集成木材"。把木材整齐地切成2~3厘米厚，再粘在一起，诸位也看到过吧。经常被使用在桌子和柜台，台阶的踏板等地方。使用实木的厚板材的话，木材纹路的性能会导致木材的扭曲和反翘。能巧妙地使用实木，是木匠和五金匠，以及家具匠人显示手艺的地方。然而，集成木材是把细小的材料片段粘在一起的材料，抵消了实木那样的内张力，不大会出现弯曲和反翘的情况。大尺寸的整实木料很难搞到，而集成木材无论多大的材料都能做出来。最近，被当成结构材料来使用的实例也多起来。

以往，因为集成木材价格便宜，质量安定，对它的强度也有所期待，因此常常使用"美松"来制造。所谓"美松"，是指美国和加拿大的大直径松木，虽然同样是松树科，它们和日本松树的性能非常不同。

然而，近几年，经常出现议论我国山林问题的严峻性的话题，为了有效地利用和管理山林，开始间伐一些小口径木材，并开始试验把这些木材用在集成木材制造上。软质的杉木对集成木材不太合适，不过，因为杉木很多，应该尽量使用。深说集成木材的作法的话，需要很专业性的解释，我就不深入了，只是简单地说，要想让杉木集成材达到普遍使用的程度，必须开发好几种复合性技术，现在已经开始了各种各样的尝试，实现的日子也不会远了。

进一步开发集成木材，于是有了"LVL"和"MDF"等新建材的出现。详细就不说了，LVL 是把薄薄的刨花条粘在一起的新材料，MDF 是把木材的小碎块用胶粘剂固定起来的新材料。各自性质和用途都不一样。总之，做了很多不浪费木材的尝试，也就是为了高效率地使用木材，做了从板条到刨花到木屑都派上用场的各种尝试。

近几年刚刚出台的是"压缩木材"这个材料。通过施加压力把木材压缩而成的，非常硬。被压缩到原材料体积的 40%，强度也显著增强，可以做各种用途的应用，作为地板木材和结构木材来使用的实例也不断增加。

干不完的工作

随心所欲地散步到这里就结束吧。

最开始，从杉树这个大家身边常见、熟悉的材料谈起，看看它的话题能扩展到哪里，能看到些什么东西，转了一圈儿。本文中提到的杉木这个材料不过是一个引子。建筑的材料和技术数之不尽，如果照这样写的话，永远也不能脱稿了。想让读者了解广阔的建筑领域的一个角落，让大家与我同行了一会儿。

从大学生时期到现在，将近 30 年的岁月过去了。这个时候，回顾一下自己所度过的岁月，我会感慨竟然走到了这一步。失误与犹豫不决是常有的事，用语言没法表达那接二连三的困苦，不过，也遇到了几个幸运的机会。在过去的岁月中，对建筑的想法也变了许多。我的大学时代正是学生反叛思潮激烈的时候，那时当建筑师的人生目标已经被批判为是时代错误，建筑师的时代已经结束，这种论调十分流行。受到这个潮流的影响，许多很有才华的同班同学放弃了建筑，遭遇了挫折。从那时起，虽然四分之一世纪过去了，时代辗转流逝，现在的社会状况和年轻人的精神状态让我觉得和那时有很相似的东西。

不要灰心。我们那个时候，曾有多少大人说了多少悲观的话？建筑这个工作，就是给日常生活以骨骼和轮廓，同时给予人们生存的希望，不管是什么样的时代，它都不会变。它是时代变得越艰难就越受人们依赖的职业。

在开头也讲过了，现在63亿的世界人口，今后50年内要超过100亿。相反，1亿3000万的日本人口50年后会降到现在的七成，100年后降到一半。无论如何，谁都没有体验过的大变革的时代即将来临。这样的时代迫在眼前的此时，建筑师的担子变得越发重了吧。日本的社会不得不寻求大变革。所谓的构筑新社会，就是提示新的生活构图和价值观。更进一步地，为了把它们变成现实，技术开发必不可少。建筑师要把自己的视野扩展到文化、制度、技术等领域中，然后，架起桥梁，把它们引入人们的生活场所，这就是建筑师应该起到的作用。建筑师们有做不完的工作。

最后想再次强调，建筑的世界深奥且广阔，不过，不要惧怕闯入到这个广大的世界里，不要放弃。只要有不会因为些许的困难而泄气的坚定意志的话，总会有些许收获。过来人的我这样说，所以没错儿。抱着百折不挠的精神闯到这个密林来吧。

内藤广/东京大学教授·建筑师

第2课　下午课

● 建筑是强韧的

关于建筑的强度

铃木博之

在这本书里,让我论述的命题是"建筑是否坚固"。

建筑坚固吗?

对这个设问可以作出各种各样的回答吧。

建筑从古代传承到今天,可以说它是能够长久遗留下来的物体的典型例子。因此有"建筑是坚固的"这样的看法。

但是,建筑的寿命并没有我们感觉得那么长。没多久就会被拆毁。在日本,一个世纪以上的现存建筑实例,比我们想像的要少得多。特别是普通的办公大楼和住宅,不到50年,过半数的建筑物都会被拆除。大城市以东京举例来说,江户时代以前的町屋可以说已经彻底地消失了,即使在地方城市,它们的身影也在急遽地消逝。

如果只讲身边的例子的话,话题不会超越感觉的领域。

因此,在这里,让我们读一读被视为建筑理论经典的古罗马建筑书籍,就是维特鲁威写的《建筑十书》。它流传至今,是最古的西欧建筑书籍,其影响力到现在也没有消失。

一般认为,这本书写于古罗马的奥古斯都皇帝统治时期,书中把建筑的目的简洁地总结成几个条款,具体地维特鲁威写到"强(Firmitas)·用(Utilitas)·美(Venustas)"(森田庆一译 第一书,第三章,第二节)这3条。这个结论被广泛地接纳,变成超越时代的建筑理想的要素,所以现代建筑师们也屡屡引用。的确,应该说三要素是最妥当的总结。

但是,要注意这三要素并不是按重要程度排列顺序的。哪一个都是不可欠缺、呈并列关系的三要素。

一般地认为,"用"指建筑的功能,"强"指向建筑物的强度,即结构的强度,"美"指意匠表现美。正是如此,这三要素被认为是触及到了建筑的根本所在。

在这里,我想谈谈其中的"强度(Firmitas)"概念。

关于建筑的强度

为何挑这个概念,因为它和建筑的坚固有关系。详细的论证应该写成论文发表出来,在这里我试着把我感觉到的问题、思考的过程告诉大家。在日本,对三要素里"强"的概念尤其重视,普遍存在着"建筑的结构强度很重要"这种认识。

日本是世界上有名的地震国。因此,"建筑必须能够承受地震的冲击力"这个命题,成为日本建筑界不可逃避的使命。到了明治,日本开始正式引进西欧的建筑技术,在当时的日本人的脑海里鲜明地印刻着"安政地震"的惨景。一般认为,所谓安政地震不是一个,而是安政年间在日本各地总共发生过的19次地震的总称。其中,在1855年10月2日发生了最大的地震,它被后世命名成"安政地震"。据说,震源在江户,地名叫"龟有"的附近,是直下型①地震,以江户城为首,各地多处受害。其实,这个地震稍前,还发生了震源在伊豆的地震,那时,来日本谈判开国事宜的俄国提督普查金②一行正好经过下田③,他们的船舰也遭到了地震袭击,损伤巨大,最后不得不特意从下田去户田,重新制造了西洋式的大船。

对明治时期的人们来说,安政地震是恐怖的回忆。日本抗震结构的专家、建筑师佐野利器在关东大地震袭击东京的时候,他立刻感到这是与安政地震强度相当的大地震。

明治时期最大的地震是"浓尾地震"。1891年10月28日发生,震源在歧阜·爱知地区,死亡人数达7000人以上,倒塌房屋数达到

---

① 直下型指震源在陆地地壳内的地震,与在海底发生的地震相对而言,因震源在人们居住地的下面而命名。相对海上地震来说,直下型地震震源浅,垂直震动力大,地震力还没来得及衰减就传到地面,因此破坏力也大——译者注

② Evfimii Vasil'evich Putyatin,1804—1883,1853年来航长崎。1855年签订日俄和亲条约(亦称下田条约),1858年签订日俄修好通商条约。第一个把西洋式造船技术传入日本的人——译者注

③ 下田是静冈县伊豆半岛东南端的港湾城市——译者注

八万户。

这个时期，三菱公司正要打算在东京的丸之内街区建造写字楼大街，公司干部们为此极度震惊，担心这样的地震如果袭击东京的话会出现什么后果，立刻派人做了调查。这次被派遣的调查员就是在工部大学校教书的、被日本政府聘请来的英国专家约瑟·康德尔。推荐约瑟·康德尔的人是一直与三菱公司关系很近的英国人托马斯·格拉巴。

约瑟·康德尔认为造房子最重要的就是厚重和结实。他着手建造了砖结构建筑。可是，同样是被日本政府聘请来的外国专家，也同样在工部大学校教书的矿山工程师约翰·米尔恩[①]持有不同看法。1880年日本地震学会成立的时候，米尔恩就是重要的联络人之一，在那以前就已经开始了地震研究。其后，米尔恩作为地震学者在世界留下盛名，他认为地震是振动、是地震波，为了承受这些外力，建筑仅仅是厚重还不够。事实上，木结构建筑也能抵抗地震。

为了保护建筑不受地震的危害，人们不断地探究各种各样的方法。在建筑领域里，直到关东大地震以后才体系化，形成统一的方法。

首先，接受浓尾地震的教训，在地震的第二年组建了震灾预防调查会，开始了地震研究。1895年，调查会出版了《木结构抗震房屋结构指导》的报告书。在这个调查活动中，佐野利器开始形成自己的建筑抗震结构理论。在1916年出版的震灾预防调查会的报告之一《房屋抗震结构论》中，他把表现地震力强度的词汇定义为"震度"。这意味着从这一时刻起，在日本确立了应用至

[①] John Milne，生年1850~1913，1876~1895年被日本政府聘用，因来日而开始地震研究，成为世界级地震研究家——译者注

今的抗震建筑的思想。1920年制定的日本市区建筑法规中，包括了建筑强度计算的条款。也就是从那时起，日本的建筑首先应该考虑抗震性能，关于形式或者色彩云云是妇人之见，这种观念开始流传。的确，在佐野利器的文章里也时而流露这样的观点。

在发生了关东大地震的1923年，内藤多仲写了《框架建筑耐震结构论》的论文，在日本建筑学会主办的《建筑杂志》上连载。在论文中，他提出水平力分布系数的观点并加以定义，强调墙体的抗震能力。在这个论文刊登的3年前，即1920年，日本的前卫建筑流派"分离派建筑会"的会员们呐喊着"承认建筑也是艺术吧"。可见，建筑必须充分考虑结构强度已经成为设计的先决条件的风气何等强烈。因此，维特鲁威提出的三要素在日本的情形是"强度"的重要性遥遥领先，而对"美观"的形势极其不利。

佐野利器和结构派人士是否按照维特鲁威的思想而提出自己的建筑思想就不得而知，不过，在日本"强度"的概念占有主导性地位是个不争的事实。

下面，我对"强度"的概念作进一步的考察，把日本的建筑观中占有相当地主导地位的"结构强度"概念和维特鲁威的言论对照一下，看看会出现怎样的比较结果。

前面也说过，维特鲁威说的所谓"强度"是"firmitas"这个词汇。一般认为，它的意思是由坚实的根基支撑着的强度。然而，这个意义上的"强度"应从两个方面来理解。

一个方面是指具有结构强度的建筑。这也就是在日本得到重视的建筑"强度"。但是，另一个方面，"强度"又有"确实的"、"长久的"意思在里面。也许有人会说这不都是一回事嘛。可是，实际上它们非常地不同。一个是指"强度"，另一个是指"耐久性"。

在这里让我们看看后世的人们怎么解释维特鲁威的概念。

最初的例句是下面的内容。

Haec autem ita fieri debent ut habeatur ratio firmitatis, utilitatis, venustatis.

首先让我们看看日语译文。森田庆一在《维特鲁威建筑书》中作了如下的翻译。

"这些需要保持强度、用以及美的原理"（东海大学出版会，1969年，31页），他以前翻译此书的时候，也使用了大致相同的词汇来表达。

"建筑应该以强度，用，美为原则来建造"（生活社，1943年，23页）

现代意大利语版的维特鲁威译文中使用了怎样的词汇呢？让我们来看一看我的友人、罗马大学的伏兰·包萨利诺教授1998年出版的著作。

"Tutti quest edifici debbeno essere construiti tenendo cont della ratio firmitatis, utilitatis, venustatis, cioe delle ragioni della stabilita, della utilita e della bellezza."（Marco Vitruvio Pollione, *De Architectura Libri X*, *a cura di Franca Bossalino*, Edizioni Kappa, 1998）

对维特鲁威的三要素，他引用了拉丁原文，之后翻译如下：

"della stabilita, della utilita e della bellezza."。della stabilita 是"强度"，确切地说它是"在坚实的基础上坚固建造"的意思，包含强度和耐久性的两面之意，不过，和这个词汇相近的英语 stability 是安定的意思，所以，在它的语义中，长期保存、耐久性的语意不是更强吗？

在意大利语译文中，关于维特鲁威的文献，"强度"多用 stabilita 这个词汇来表达。同时，它常常被置换成 solidita 这个词，这个词意接近于坚固。以上的解释借鉴了我的研究室的博士生横手义洋氏的看法，他刚从意大利留学回来。

接着，让我们来看看翻译成英文的维特鲁威"建筑论"中使用了什么样的词汇。现在最常用的就是毛利斯·摩根翻译的现代语版维特鲁威的书籍。这本书1914年在哈佛大学出版社出版，现在也作为教科书被广泛使用。

"All these must be built with due reference to durability, convenience, and beauty."（Vitruvius, *The ten books on architecture*. Translated by Morris Hicky Morgan, Harvard University Press, 1914, reprinted Dover Publications, 1960.）

摩根在开头的部分把维特鲁威建筑的三要素翻译成"durability, convenience, and beauty"。durability这个词很明确地是耐久性的意思。即摩根把"强度"概念清楚地解释成持久的耐久性，而不是结构性的强度。

再看看德语译文。阿鲁特米斯公司出版的阿桂斯特·楼特的译著中，三要素被翻译为"Festigkeit, Nutzbarkeit und Schonheit"。（Vitruv, Baukunst, Ubersetzung: August Rode, Artemis, 1987.）。Festigkeit 有硬、坚固、安定等意思。顺便说一下，fest这个形容词，是指固体的，固形之义。

法语译文又怎样呢？我询问了研究室里专门研究法语圈建筑的中岛智章氏。他刚刚从比利时留学回来。我们研究室有来自许多国家的留学生和去许多国家留学的研究生，所以很方便做这样的语言比较研究。

结果是怎样的呢，库鲁德·佩罗在1673年的法语译文中，把"强度"翻译成Solidite。菲拉都力艾的拉丁语注释的现代法语译文中沿用了这种译法。（PERRAULT, Claude：*LES DIX LIVRES D'ARCHITECTURE DE VITRUVE*, CORRIGEZ ET TRADUITS, nouvellment en Francois, avec des Notes et des Figures; Chez Jean Baptiste COIGNARD, Paris, 1673;

Preface Antoine PICON, Bibliotheque de l'Image, 1995, pp. 15. PHILANDRIER, Guillaume: *Les Annotations de Guillaume Philandrier sur le DE ARCHITECTURA de Vitruve*, Livres I a IV. Collection DE ARCHITECTURA. introduction, traduction et commentaire par Frederique LEMERLE, Fac-simile de l'edition de 1552, Librairie de l' Architecture de la Ville, Picard editeur Paris. 2000. p. 80', 及 pp. 16 – 17.)

Solidite 的含义中，坚固的意思比较强。可见法语和德语译文意趣相似。

这样一来，我也想看看在亚洲文化圈如何解释三要素。问了中国留学生刘域，得知中文也把"强度"翻译成"坚固"（《建筑十书》高履泰译，知识产权公司，2001年）。这个意思可以说与 Festiekeit, Solidite 接近。顺便说一下，另两个要素中文译为"实用"和"美观"。

接下来看看韩国。我向韩国来的研究员皇甫俸氏打听，维特鲁威的建筑三要素在韩国译为"构造，技能，美"（《建筑十书》吴德威译，1991年）。糟就糟在同样使用汉字，字面的印象容易招来误解，不过，韩语中"构造"这个词汇据说表示坚固。"技能"据说也和"用"的意思相近。

遗憾的是其他的亚洲国家，好象没有维特鲁威的本国语翻译。问到这来，就更想知道在其他的语言圈作着如何的解释。

我的研究室里除了英国、法国、意大利、德国、中国和韩国的留学生以外，还有来自葡萄牙语圈（巴西），西班牙语圈（阿根廷，有西班牙工作经历的比利时的留学生），以及土耳其和埃及的留学生，他们将来怎样翻译维特鲁威的著作，其前景令人期待。

接下来，让我们奔着结论来开展话题吧。

文艺复兴时期的建筑师们深受维特鲁威理论的影响，在他们的建筑论著中，可以看到他们怎样解释威特鲁威的言说，通过验证这些解释,我们可以了解他们怎样理解建筑三要素,并且可以知道他们怎样让这些观念生根发芽。

列奥·巴提斯塔·阿尔伯蒂(Leon Battista Alberti,1401~1472)的《论建筑》中论及维特鲁威的记述比比皆是。在这里,我们从相川浩翻译的《论建筑》译文中(中央公论美术出版,1982年)验证一下。

"……我们发现不能轻视的三个原则。它是在覆盖物、墙体以及其他部位几乎都适用的原则。这三个原则对有特定目的的用途来说是妥当的原则,并且是极为健康的原则。关于坚固和耐久性,坚固到不会变质,同时充分保持永续性的原则。关于愉快和优美,要有受人喜爱的构成,换句话说所有的部分都要被装点着"。

在这里我们可以知道,"用途"、"坚固和耐久性"、"愉快和优美"等要素,与维特鲁威的"用(utilitas)"、"强度(firmitas)""美(venustas)"是对应的关系。

同时,我们还能看到如下的记述。

"一般地,在建筑领域里,为了配合用途和耐久性而做到极其坚固,为了优美和华丽,我们竭尽所能去建设。"

在这里和维特鲁威的对应关系就更明了了。

那么,如下的情况下会怎样呢?

"现在比用和强,更着重满足了建筑的美和装饰的要求,让我们事先区分一下吧。"

这里使用了"用"、"强"、"美"这些词汇,从中我们可以更直接地感到维特鲁威的存在。但是,有一点我们不能忽略,即这些翻译用词肯定受到了森田庆一翻译的维特鲁威著作的影响。在阿尔伯蒂的其他几部著作中,关于"强"的用法和概念没有改变。

从这些记述里提到的"为了耐久性而做到极其坚固"的话语中，表明阿尔伯蒂把"坚固"当作是与"耐久性"相关联的概念。把这种概念表现得更为清楚的是安德列·帕拉第奥的《建筑四书》。他在这个著作的开头作了如下的叙述。

"任何建筑物，（如维特鲁威所说的那样），都应该考虑到三个方面，如果没有这些内容，无论是什么样的建筑物都不值得称赞。所谓三个方面，既要有用或者方便，又具有耐久性和美感"（桐敷真次郎译《帕拉第奥〈建筑四书〉注释》，中央公论美术出版，1986年，35页）

在这里的三个要素，"有用，或者方便"、"耐久力"、"美感"，和维特鲁威的"用（utilitas）"、"强（firmitas）"、"美（venustas）"呈对应关系。这里，帕拉第奥说的"耐久力"用了 La perpetuita。它是持久性意味很强的词汇。英语的 perpetuity 和这个词汇有因果关系。它的意思是"持久性"。其实，康德尔使用的也是这个词。他在1894年设计了坐落在东京芝区的叫"唯一馆"的和洋折衷式建筑，在解释这个折衷样式的时候，他是这样讲的。

"（前略）本来是外国的建筑师，来到日本这种全体国民都怀有'把国民样式永远持续下去'的观念的国家时，（中略）一般来说，首先要面临的问题就是怎样做才能使这个国民样式永远持续下去的问题"（《建筑杂志》402号，278页）

刊登在《建筑杂志》上的康德尔的"使国民样式永远持续下去"的文章中，原文里"持续"一词使用了 perpetuate。我们没法说康德尔被帕拉第奥牵到了远古的维特鲁威三要素的时代，才选择了 perpetuate 这个词汇，不过，他希望的"国民样式持续下去"的工作，是符合维特鲁威所指的建筑"强度"的含义的。

关于建筑的强度

维特鲁威本人在《建筑十书》中,用自己的话做了如下的说明。

"住宅地面以上的部分,它的基础如果按照我们在前卷叙述的城墙和剧场那样建造的话,毫无疑问它们能长年地保持<u>坚固</u>。可是,建造地下室和拱顶的时候,基础部分必须要造得比上部建筑物墙体厚;墙壁和角柱及圆柱,为了适宜的坚固性,它们一定要垂直布置在下部结构的中心线上。为什么这么说,因为墙体和柱子的荷重如果悬在空中,就不能得到持久性的强度"(森田庆一译,第6书,第8章)

在这里出现的最初的"坚固"使用了 firma,第二次的"坚固"使用了 solido,而"持久性的强度"使用了 perpetuam firmitatem 一词。从这里我们能体会到,维特鲁威的"强度(firmitas)"的概念,可以说内含着"长年拥有的持久性强度"这个意思。并且,我们可以认定在这个理论基础上,文艺复兴时期的建筑书籍中才会出现各种各样的解释。

维特鲁威叙述了"这些应该保持强、用及美的原理"的话语,翻译成日语的时候,因为"强度"这个词语的影响,人们在接受它的时候,倾向于"结构强度"的语义。

森田庆一第一次翻译维特鲁威著作时,正好是1943年。这个时期,日本的建筑结构学研究已经涉及到战争中的抗爆炸的结构研究。森田庆一本人也是1920年创立的分离派建筑会的成员之一,他也是反对当时占主流的以结构为中心的建筑观念的前卫人物。因此,他开始钻研古典的建筑理论。所以说,他在选择"强度"这个译语时,抱着怎样的心态来翻译,今天的我们只能推测。但是,我们从"强"这个字感觉到的印象,就是以物体为中心的结构强度。

森田在自己的著作中这样解说着维特鲁威的理论。

"维特鲁威首先承认了建筑的三个立脚点 ratio。即'各种建筑物应该在保持强度 firmitas、用 utilitas、美 venustas 的理论、立场之上而建造'。不用说,强度的理论属于结构学,用的理论属于设计学 planning,美的理论属于造型理论"(森田庆一《建筑论》东海大学出版会,1978 年,173 页)

属于结构学范畴的"强度",相对于耐久性来说,总是有更加偏重强度的倾向。为了确认这一点,听一听梅村魁怎么说。梅村是抗震结构学的专家,对历史也有相当大的兴趣。

"第一步,试着考虑一下所谓的建筑结构是什么?作为人类创造物的建筑,在人类社会伊始,它们就出现了,它们给人类带来的影响不可估量。其中,被称作建筑结构的部分可以考虑成是与安全性有关的领域。(中略)现在新建造的建筑物,为了确保安全,普遍地进行着结构计算"(梅村魁《建筑结构的历史》,《新建筑学大系 25　结构设计》彰国社,1981 年,4 页)。

在这里明明白白地说出来,为了保证建筑的安全而进行结构计算。反过来说,结构计算的目的是干什么,就是为了验证建筑的结构强度。不是考虑建筑的持续性和耐久力的工作。

根据以上内容进行三段式论证的话,由于森田庆一把维特鲁威理论中的 firmitas 的概念翻译成"强度",意味着他接受了强调结构强度的暗示。然而,我们已经看到,这不是维特鲁威原意的全部。firmitas 的概念可以解释成"耐久力",即"长久地保持"的例子也很多。

在这里,我想挑一位日本现代作家介绍维特鲁威的例子。那就是盐野七生写的《条条大路通古罗马》(新潮社,2001 年)。在这个著作里,古罗马的遗迹被当成基础设施的历史来叙述。令人惊叹的是古罗马的遗迹遍及欧洲各地。我本人也在布达佩斯、伊斯坦布尔、苏格兰等地及见过古罗马的遗迹,亲眼目睹了它的气势,深深

关于建筑的强度

条条大路通古罗马（奥斯蒂阿遗迹）

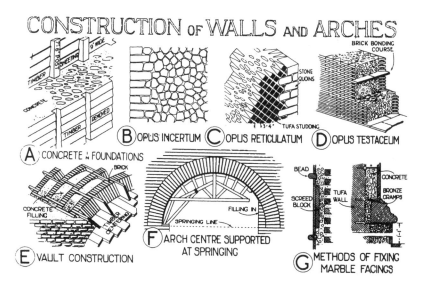

古罗马的结构做法（选自 B·弗莱彻尔）

地体会到古罗马帝国之广大。盐野在著作里,把这些古罗马帝国的道路、上下水渠等通称为基础设施,当作一个体系来追述。一般来说,社会基础设施或者叫社会资本投资的基础设施,在现代社会也是相当重要的物质资产,成为公共事业建设的主要工程之一。然而,目前我国在这一方面出现了很多问题,受到了严厉的批判,我们每天在报纸上都能看到的特殊法人代表合并等诸多问题就是现实的例子。

古罗马帝国中这些问题是怎么解决的呢,这个疑问与其说是出自对历史的好奇心,倒不如说它带着切实的现代感。那么,回答是什么呢?盐野的著作虽然是叙说历史的书籍,不过,正如"所有的历史都是现代史"的定论那样,对我们的现实性疑问也给予了很大的提示。

著者在开场白中把基础设施的本质归纳为"人类为了过人性化的生活所必需的大事业"。这个定义比社会资本的定义更为全面,并且包含着社会资本是为了什么而存在的价值观的定义。因此,这本书远远超出了土木技术史概说的框架,它面向着更为全面的历史叙述。这本书概括了基础设施,不仅叙述了硬件部分的社会资本,也包括教育和医疗等软件部分的内容。并且,清楚地划分了应该由国家承担的部分和应该委托给民间的部分。

也就是说,基础设施并不只属于单纯的工程技术领域。

但是,古罗马拥有当时世界最高水平的技术,这也是历史事实。拿道路来说,直到19世纪压路机铺路(macadam)即现在的柏油铺路的原型形成以前,古罗马时代的干线道路铺路技术一直持续地保持着历史上的最高水平;比最大建筑面积的话,要等到19世纪发明铁结构之后,才出现比耸立在古罗马的君士坦丁巴西利卡规模更大的建筑物。再有,论人类生活场所的高度的话,要等到电梯实用化之后，才出现了比古罗马的伊斯蒂兰集合住宅更高的建筑。总之，在工业革命的机械化、工业化进步之前，人类的技术水平一直没能超越古罗马。

可是，技术的背后没有思想的存在吗？古罗马人是以什么为标准来定义"人类的人性化生活"？盐野说正是对"道路"的看法，揭示了隐藏在技术后面的思想。她说，中国人建造万里长城的时候，古罗马人建设了道路网。也就是说，道路不是为了排除外扰因素的设施，而是能同化外围的网络。不是关门自守的帝国，而是通过开放和连接的作用来确保文明的持续存在。"公"来承担"私"所涉及不到的部分。在这里存在着他们对社会资本的理念。

古罗马时代的道路也好，上下水道也好，不是以受益者负担、或者从工程的核算性的角度出发来计划建设，而是作为"必要的大事业"，用最高的技术水平加以实现。尽管这些道路具有军用的性质，但是也同时建造了供普通人使用的人行道，自来水渠用了高架桥，它不仅起到储水池系统的作用，并且免费向庶民们提供用水。结果，直到今天，人们还受惠于这些土木遗产的恩泽。

盐野说，构筑物应该拥有这样的理想，这才是当时的建筑师维特鲁威的三要素所要表达的真正意义。在这里，盐野把"强度firmitas"的概念翻译成"耐久性"（66页）。这是没有受到日本建筑界传统解释的束缚的新观点。日本建筑界把维特鲁威的"强度"一般看成是结构强度，而她认为那是"长寿的生命"。这说不定正是古罗马人考虑的坚固之意。从持续存在的角度，对以强度为重点的技术思想提出疑问和修正，因此获得思想上的开拓性。这也可以说是新的历史解释给予我们新的启示。

如果维特鲁威通过firmitas这个词汇，不是想说"建筑要强固地存在",而是想说建筑应有保持长寿生命的耐久力,做这样的解释的话,他想说的是建筑要坚韧不拔地长寿,我们说不定可以主张维特鲁威真正想说的是"建筑必须强韧"。

铃木博之/东京大学教授·建筑史学家

● 感受建筑

为了小小的场所

松山岩

1

最近,在路上看不见孩子们玩耍的身影。听不到孩子们玩耍的欢笑声。这个话我已经说了好久。

"男孩玩儿的游戏有放风筝、踢毽、抽陀螺、踩高跷、骑脖子、推圈儿、爬树、争山头、打纸牌、军人游戏等等,女孩儿的游戏有踢毛毽、拍球(鞠)、过家家、织东西等等,就像对面家的阿姨那样。另外,男女都可以玩的有跳绳、跳房子等等。从时令来说,正月的时候玩双六棋盘、骨牌,女孩儿们的游戏还有踢毛毽、拍球等。放风筝在冬天风力强的时候玩儿得最多,如果到了阴历三月就不能玩儿了。俗话说三月放风筝,就是指风渐渐变小,风筝飞不高,掉在地上的意思。夏天,如果不嫌弃烈日当空的话,可以捉蜻蜓,挥动头上粘了胶的竹竿到后园去扑蝉……到了冬天,霜化了,地面变得湿软,那时能拔树根,下雪的早晨用线捆住炭块可以雪钓,玩滚雪人、做雪兔等,可以打雪仗……"(平出铿二郎《东京风俗志》)

以上是100年前,20世纪初东京的孩子们玩耍的模样。现在连这些游戏的玩法都快不知道了。即使是这样,直到上世纪60、70年代,所说的放风筝、扔球、抽陀螺、踩高跷、骑脖子、推圈儿、爬树、踢毛毽、踢鞠球、跳绳儿、跳房子、捉蜻蜓、捉蝉、打雪仗等游戏也还常见。可是现在,在路上孩子们这样玩耍的身影能看到几次呢?

路上不再传来孩子们玩耍的声音,可以想出种种理由。为了准备升学考试,下课后到私塾去补课了;每个家庭只有一、两个孩子,不生孩子的夫妻也变多了;电视和电子游戏普及了,孩子们变了,不再在外边玩了。这些理由是互相关联的。空闲的时间减少了,一起玩的朋友也变少,孩子们只能沉溺在一个人玩儿的空想性游戏中。这是很容易理解的。

可是，更严重的问题是，对这样的孩子们被约束着的严峻现实，大人们一个个地认同，并自以为这是没办法的事，反倒把孩子们赶到自闭的世界里，不是吗？

让我们想象一下100年前孩子们玩耍的地方。想一想捉迷藏、踢瓶子这类游戏。孩子们把住宅之间的狭窄巷道、院子前、小房的荫凉地、地下室、空地等等变成了自己玩耍的地方。不是公园和娱乐公园那样提供给大人的地方，孩子们能把街中不出奇的地方变成自己玩耍的场所。

现在，连街中的小路，汽车也会开进来。可是，对这种现状只是被动接受就行了吗？现代的街道中，孩子们能在户外玩耍的安全的地方减少了，不过，更重要的是大人们对恢复孩子们玩耍的小场所的关心。

2

20多年前，我和几位朋友一起调查了涩谷（东京）街角，我们把建筑物和场所分成三类，谁都能随便进入的建筑物和场所，由于时间限制不能进入的建筑物和场所，进去需要特别许可的建筑物和场所，把以上三种分类用不同的色块在地图上标记出来。分析经过多年调查画成的地图色块的变化，谁都会一目了然地发现可以随便进入的建筑物和场所在逐渐地减少。

停车场变成了高级公寓，小住宅林立的街坊包括它们之间的小巷，都变成了办公大楼和高级公寓。孩子们在街中玩耍的场所减少的事实，对大人们来说意味着失去了在街道中散步的场所，失去享受在街道中散步的时间上的从容，这两件事不是重合在一起的吗？

3

对你来说，感到心情好的，喜欢的场所是什么样的地方，想一下吧。

自己的房间，朋友的房间，住宅区的后院，时常去的咖啡店的固定的座位，公园里的长椅，学校的屋顶，课外活动的房间，美术馆的中庭，博物馆的展示室，能眺望河水的堤坝上，排满了花盆的小巷，海边的小木屋，山麓的宾馆，温泉场的露天温泉……

这样，有人会想起种种地方，有人可能想不出来什么地方。那么，没想起来的人再试着想一次。心情好，喜欢的地方是什么样的情况，试着具体地想一想。是明亮的地方，还是昏暗的地方？绿色多的地方，还是荒芜的地方？人多的地方还是人少的地方，还是完全没有人影的地方？宽阔的地方还是狭窄的地方？

室内的话，是顶棚高的房间还是低的房间？有声响的，有什么样的声音？能眺望河、山、海吗？更加具体一些，顶棚、墙面及地板是怎样的材质？窗户是什么样子的，有多大？有壁炉和地炉吗？它们的大小和样子？照明是什么样的？你在那里做什么？

在室外的话，更具体地。如果是热闹的地方，为什么人们会集中在那儿？集合的地方有多大，周围有什么样的建筑物？有树木吗？有遮阳的顶子吗？铺装了的石子路吗？还是土路面？小鸟在叫唤着吗？能听到水声吗？在那里你穿着什么样的衣服，做着什么？

如果考虑下去的话，会想出更加具体的事吧。为什么感到这个地方心情好，特别喜欢？抱着告诉别人的心情，回忆一下更为细微的内容吧。

4

那么这一次，想一想对你来说心情不好，讨厌的地方是什么样的地方。人多的地方还是没人的地方？宽阔的地方还是狭窄的地方？讨厌那个地方，是因为那里的气氛，还是因为聚在那里的人？讨厌的地方容易受到人际关系的左右。

　　对了，叙说心情好，你喜欢的地方的时候，你有"发现了"那个地方的心情，但是在说心情不好、讨厌的地方的时候，却没有这样的心情，为何？这正是因为你喜欢的地方，确实是你"发现了的"。讨厌的地方只有被动地接受，而喜欢的、心情好的地方，是主动地发生关系的。即使你在喜欢的地方睡了午觉，那也是主动的行为。而且，心情好的地方，尽管那里没人，但是那里肯定存在着某种秩序。因此，把心情好、喜欢的地方告诉别人这件事本身就变成了发现的喜悦。

5

　　设计建筑物的建筑师，规划街区的城市规划家们在考虑设计的时候，首先要发现自己喜欢的场所、心情好的场所，然后给这些场所以具体的形式和尺寸。怎么组合素材、形式、大小、光和风、水和绿色、土和石头等等，设计出来，为了使其成为心情好的地方而赋予其秩序，这就是他们的工作内容。越是老练的建筑师，越是经验丰富的城市规划师，越能去发现心情好的场所，并把这个场所的秩序发掘出来，这些工作正是他们必须经常返回的、他们的工作原点。

　　不管是什么样的职业，所说的经验丰富，并不仅仅是指多年从事同样的工作的意思，而是指那些能把对自己来说重要的东西或者事物变成库存品积蓄起来，并能条理分明地提取出来的人们。

6

　　"只看好的东西。绝对别看坏的东西。被坏的东西弄脏了的眼睛，就是看好东西时也判断不了。常常看好的东西习惯了的话，坏的东西一眼就能识破，有一位有眼力的搞古董的人据说这样劝戒着晚辈们。"

作家石川淳在散文《关于杂文》里这样写着。可是，识别好东西和坏东西的事很难。好东西和坏东西，真货和假货。如果把分出好坏、真伪的事当成一切的一切的话，对自己来说什么是重要的东西反而会变得模糊了。石川也说只追求分辨真伪的判断力的话，"变得相当地能说善辩，不过，当碰到真品的时候，把自己的眼睛看得充血，也辨不出所以然的人才是最愚蠢的"他这样嘲笑着。

好东西和坏东西，真货和假货。它们之间有绝对的标准吗？我们的时代是各种各样的东西被大量复制、流通的时代。就是建筑也不能例外。模仿欧洲传统民居的商品住宅，和纽约的摩天大楼一模一样的超高层建筑，不只是这些。街中建造的住宅，办公大楼哪个都很相似，很难区别开来说哪个是真货哪个是假货。

本来，明治以来的日本建筑是从模仿欧洲的建筑形式开始的。因此看到欧洲的传统建筑，反倒觉得与日本的明治时代的建筑很相似，这样想的人也肯定是存在的。因此，不知道从什么时候起，明治时代建造的建筑物被我们认成是真货。

也就是说，判断真货还是假货，好东西还是坏东西，一定是预先被教导了"不是这样不行"。在这些理由中，让我们每个人来作自我判断的余地很小。

但是，即使是这样，如果有人仍然认为复制的建筑很怪，那这个人的判断是正确的吧。

7

走在街上，让人感觉到别扭、奇怪的建筑的确是有的。让我们考虑一下它们和周围的建筑在哪些方面不同。让人感到怪的建筑有三种类型。

第一种是明显地模仿了什么的建筑。借用了古代的城郭或宫殿或住宅的表面形式的建筑物。复制世界上有名的建筑物，譬如模仿金字塔，巴黎埃菲尔铁塔，帝国大厦等建筑物。做成树袋熊或猫、鱼等动物形象的建筑物。虽说现代是复制的时代，这些做法也会让人感到奇怪。

那么，为什么感到奇怪呢？我们现在不是梳着江户时代的朝天发髻，穿着灰姑娘那样的公主衣服，像三个火枪手那样子生活着的时代。可是，那个时代的建筑物在现代出现的话，就会使人觉得奇怪。有名的建筑物，是由其所建时代的当地出产的材料和众多的人们的劳动创造出来的。金字塔是用很多石头砌筑的、在沙漠中建造的法老的坟墓，如果用木材或者混凝土来仿造，作其他用途使用的话，人们肯定会感到别扭吧。假如外国人把日本的佛龛和神龛当作室内的装饰品来使用的话，日本人看到肯定会觉得别扭，前后两个例子使人产生同样的心情，因为这些做法不顾建筑形成的固有的风土和时代以及文化。把建筑物做成动物的样子，也只不过是游园地等场所为了制造一时的话题而建造的。这种形式是建筑物的伪装形象。所以，时间长了人们就会腻烦了。

所谓第二种怪的建筑物，就是设计得与周围的建筑物不同，你又说不出来不同在哪里，但是又会被那个不同之处吸引的建筑。如果遇见了这样的建筑物，你会好多次地反复注视它，想进到室内看看。如果你对它看不够，发现它变成你的好心情的场所，感到特别喜欢，这个建筑物对你来说就是杰作，是重要的建筑物。

所谓第三种怪的建筑物，对你来说，不可能变成重要的建筑物，因为它没让人留下什么印象。实际上，这样的建筑物占街上建筑物的大部分，你甚至不感到它们是怪的。如果你在这些建筑物上，不能发现你感到喜欢或者心情好的地方，就说明这些建筑物可能缺乏什么重要的因素。如果对日常中常见的设计手法建造出来的建筑物感到怪的时候，你对建筑的判断力肯定前进了一步或两步。

8

如果建筑物也分好坏的话,所谓好的建筑就是长期被人们使用的建筑物。为什么这样说,因为这些建筑物承受了时代的变化,也承受了激烈的风雨,比这些都重要的是它们受到了众多人们的爱戴。因此,在刚竣工的时候受到很高的评价,但那也未必是好建筑。"长寿是技艺之一"这个格言也适用于建筑。

9

在古罗马,雄辩的口才被认为是一种修养,雄辩家招来了市民的尊敬。这些雄辩家为了做好演说,首先学习了记忆术。记住演说的内容,因为讲演必须得脱稿。记忆术的基本功是把街头上排列着的建筑物详详细细地记在脑子里。在脑海中,他们慢慢地走在街上,把演说内容的要点和街道上的建筑物和雕刻做对比,通过浮想出来的建筑物和雕刻,把演说的内容按照条理叙说出来。

今天,这样的记忆术可能吗?建筑物被眼花缭乱地改建,而且如果净是一个模子的住宅,住宅区,大楼的话,上述的记忆术是不会成立的吧?这不是说因此需要在街上盖满奇特外形、抢眼的建筑物。反之,如果街上充满了奇形怪状的建筑物的话,反倒使人感到像是在观看假面游行,导致人们的头脑发生混乱,从而使每一个建筑物看上去都一样。留在你的记忆中的建筑物,不是排列在街头上的所有建筑物,而是建筑物中的一小部分吧?

10

当你告诉朋友从车站到你家的路的时候,在脑海中想起来的街上的要素是什么?绝对不会都是大建筑吧。人们不会像现成的地图那样去认识街道。每一个人，都是把留存在记忆中的、街道里的细微片断连接起来，以此描画出自己的地图。

11

让我们看看建筑的工地现场。看看有很多人参加、构架建筑物框架的工地。不管是超高层大楼，还是小住宅，建筑物和人一样有骨骼。框架建成的时候，你感到美丽吗？如果你感到美丽，你就有干建筑这一行的素质。

为什么美丽呢？那是因为建筑物的结构框架是为了抵抗地球的引力，根据力学的秩序而建造出来。即使是不懂难学的数学和力学，你也会明白这个秩序。基本上和摞起来的积木，用火柴棍构架的建筑物模型，在海边用沙子堆成的沙丘、小房子的道理是一样的。如果哪一部分承受了不合理的力，那个构架就会毁坏或者变形吧。一个一个地部分与部分互相彼此支撑，以此支撑全体的构架。所以，我们感到它的美丽。

之后，这些构架的外围覆盖了装修材料，变得看不见了。这是为了使用这个建筑。那么，覆盖在表面的部分就没有构架那样的秩序了吗？和人的肌肉与脸的表情一样它们也应该有秩序。

12

"建筑在自然中，顺应着自然而建造。可以说那是第二个自然，更坚固，更忠实，更明确的自然。因为看上去的确很忠实，人们关闭在那里，就好像它们只是为了让人们自己逃避到那里而建的那样躲避于其中。但是，这些建筑必须要比人强……它们是优秀的坚固的，在这块土地上最坚固的物体，抵抗所有的力量，同时也抵抗人类，只要它们被建造起来，它们的轮廓，它们的门窗，它们的影子都会对人产

生影响力。建筑确实是人类力量的象征,但是,人类同时受着自己的这种力量的束缚"(阿兰①《关于艺术的二十讲》安藤元雄译)

哲学者阿兰叙说着建筑比人类强大,具有"非人性的性格"。这是正确的。建筑正如阿兰叙述的那样是"坚固的物体",制造它们的石头,木材,钢铁,混凝土,玻璃都不会拥有人类的心灵。物体有物体本身的秩序,把这些秩序组合起来建造出更"坚固的物体"。因此,如阿兰叙述的那样,建筑抵抗人类,甚至能征服人类的心灵。

无视人类的感情,只为征服人心而建设的建筑物很多。那么,为什么这种力量能够建造出"压迫人类"的建筑物呢?原因不在物体。因为物体没有思想。人的思想制造出了建筑物。

13

回顾从古代开始的建筑历史,我们可以看到人类为了能建造更宽大的建筑,更高的塔楼而绞尽脑汁。那是统治者们希望在那里看到超越人类渺小的存在的某种东西。统治者们建造巨大的建筑和高耸的塔,举行奉神仪式,广泛地让大众知道自己是被神承认的唯一的人。因此那些建筑物,是为了统治者的欲望而存在。

但是这些巨大的神殿和高耸的塔,从某一时刻起,不是统治者而是一般的人们开始使用,在其中生活。这个时候历史走到了近代。所以,近代的建筑师们把建造为了全人类的建筑,建造为了全人类的城市的话语当成了共同的口号。然而现在,人们在巨大的楼房和高楼大厦的夹缝中变得更加渺小,如同在夹缝中蠕动。如果是这样的话,巨大的楼房之间的极小的夹缝不应该被当成更重要的场所,得到我们更

---

① Alain, 本名 Emile-Auguste Chartier, 1868~1951, 法国的人生哲学者, 道德家。从理性主义的立场论述了艺术、道德、教育等诸般问题。著作有《幸福论》,《艺术论集》,《我的思想史》等——译者注

深入地思考吗？

14

有种见解认为人类创造出来的风景全部源于"恐怖"。人类为了抵抗风、雨、雪、严寒、酷暑、地震、虫害、野兽、敌军、火灾、疾病、犯罪、偷盗等各种各样的恐怖而建造建筑物和城市。可是，为了逃避恐怖而建造的建筑物以及由这些建筑物聚集而成的城市，却变成了生产凶恶犯罪、交通事故以及各种各样的新恐怖的地方，这又是为什么？

如果说人类针对大自然和敌人建造的人工风景全部是"恐怖的风景"，那么说不定巨大的建筑和巨大的城市不是战胜了恐怖，而是表现了现代的、新的恐怖。

"以往，人类集结力量来对抗自然。但是，现在把这些力量转向那些超出社会框框的、潜在着爆发的危险的人们。其结果是产生处罚的光景，换言之，它们是比被征服以前的自然更强有力，更恣意，更难以接近的巨大的官僚统治的系统"（伊夫·陶安《恐怖的博物志》，金利光译）。

15

现代的城市中建造的大楼，它们是住宅区也好，办公大楼也好，学校也好，政府机关也好，猛一看总会使人联想起医院或者是监狱，这又是为什么？

16

"从前，在美丽的树下，一个不知道自己是教师的人，对一群不知道自己是学生的人们开始讲话"。这才是学校的真正的开始，时不时地，建筑师路易斯·康对一同工作的人们这样说。他的话这样继续着。

"教育计划和方法在不断地变化,今后也肯定会继续变化。但是,这样的历史性的变化对建筑来说并不重要。教育计划不会生产出建筑。学校成为真正的学校的话,不管教学计划如何,不知道自己是教师,不知道自己是学生的人们初次体验的那种精神,无论今后是怎样的时代,用怎样的方法进行教育,这种精神不会改变。这才是我们可以相信的唯一的事实"(《路易斯·康——原点的探求》,志水英树译)

康的设问是把思考还原到建筑存在的根源上。可是,更重要的难道不是"不知道自己是教师,是学生的人们"能自然地聚集在"美丽的树下"的这个小小的场所吗?

同时,从康的话语中,我们可以联想起来的不就是可以让教师和学生融为一体来论谈,交流,互相问答的教育方式的重要性吗?

17

在街上走走。真的是有很多种建筑物。光看教育设施,就有保育园、幼儿园、小学、初中、高中、大学。高中也好,大学也好,又是各种各样的。再看看医疗设施。既有挂着内科、外科、牙科、眼科等招牌的小医院,也有进行全部医疗活动的综合医院。接着看看街景。有大规模的美术馆和博物馆的街区,也有连小图书馆也没的街区。

离开自己的城市看看。其他城市可能有保育园,幼儿园,小学,初中,但是,说不定没有高中和大学。有小图书馆,不过,说不定没有美术馆和音乐大厅。有小医院,但说不定没有专业医院和大的综合医院。替代它们的,说不定是宽广的田地、树林和牧场,以及一些为放农机具以及林业、畜牧业使用的建筑物。说不定有海和河,鱼市和港口,大桥和船只停泊的码头。

建筑物因人们的需要而产生。在有十户人家汇集的村子里,保育园和幼儿园和小学是必要,也能造得起。如果有数百户人家,初中和高中、图书馆和医院就变得必要了。如果数万户的人家聚集在一起的话，那么人们又想要设置职业高中、音乐厅和剧场。便于买东西的商业街也会诞生。

数十户的人们所必需的设施和数万、数十万户人所需要的设施，它们的计划应该是不同的。因此，小设施并不是隶属于大设施的。如果小设施隶属于大设施的话，它们全部要由同样的程序来管理。这样的管理也许可能，不过，一旦发生小问题的时候，就会导致整体上的大混乱吧。小的设施拥有着小小的活生生的现场。

18

摄影师中里和人总是被路旁或田间或者河岸边的孤零零的、没什么出奇之处的小房子吸引。

他花了四年时间不懈地拍摄着这些在哪儿都有的小房子。放水泵的机械小房、农机具小房、工地小房、鸡窝、收纳建材的小房、苹果小房、为了土木施工的小房、放消防车和消防器具的小房、渔夫们偶尔睡觉用的下夜房、小船、造船厂旁边的洗澡房。有石头砌的，混凝土建的，不过，大多是用板材，镀锌铁皮，塑料板做成的简陋的小房。因为把手头有的旧材料拼凑在一起，墙面变得满是补丁的小房，植物攀到屋顶的小房，利用旧的公共汽车做的小房等等。

不是大而美的建筑物，而是哪个小房都轻飘飘地，一阵强风就能吹飞了的样子。但是，却被它们吸引。为什么呢？即使是被风吹坏，这些小房对当地的人来说无论如何也是必要的，所以会被一再地修理。虽然很小，但是在路旁、河岸、海边建造的小房，不是某一个人的东西，它们支撑着共同生活着的人们的生活。小房表现着在那块土地持续生存的小小的关联，小小的系统。它们是为了实现体力劳动者的小小的幸福、活生生的生活的证据。

农机具小屋（香川县坂出市）

如果一直在路旁或海边或河岸或田间的小房消失了，调查一下就会明白。就会发现支撑着那个地域生活的人们的关联、他们之间的关系大大地发生了变化。当地的人们的关联，小小的关系网可能被编入了庞大的关系网。

同样地，如果小商店，小工厂，小医院，小图书馆，小公园消失了，那么，那个地方肯定发生了大变化，出现人和人之间的关联发生重大变化的事态。

19

"住宅也是壮丽的建筑，从街道的一端到另一端，鳞次栉比地整齐地、没有丝毫间歇地排列着。道路的宽度为 20 英尺。在住家的后面，布置着跟马路长度一样的大庭园，庭园正好和马路对面的后院隔路相望。这样，每一个住家都有两个入口。一个开在主要街道上，另一个在后庭开门。哪边的门都是左右两面开，既不用锁门也不用门闩。用指尖轻轻一推马上就开，关门也只要一个人就行。因此，如果想进入家中，谁都能自由地进入。"

这是 1516 年托马斯·摩尔写的《乌托邦》（平井正穗译）中的关于城市的一节。因为当时的社会现状过于悲惨，摩尔构想了否定私有财产的理想国家。当然，在现代人们一般也认为摩尔描画的谁都能进入的住宅是虚构的事物。可是，我们生活着的住所不是太过自闭了吗？至少，现在的大多数住宅没有以前那种直通厨房的后门入口，都是被关闭在一个门里。

其结果，别人打开门，来到自己家的时候，是站在门口说话，还是请进家里、暴露自己家的隐私？这两种接待客人的方式中必选其一。也就是说，对待客人，是如同没关系的他人一样冷淡地接待，还是装模做样地如同家人一样对待，自己总是被强迫作出非此即彼的判断。

20

　　20 年前，我去四国的土佐旅行的时候，遇见了佛顶构造形式的民居。这个民居的特征，不在于屋顶形式或者墙壁的做法，也不在于住宅的框架结构。实际上，它的特色表现在单纯的防雨套窗的做法上。

　　通常的防雨套窗被推到窗套中。然而佛顶构造的防雨套窗的构思不同。窗户的大小为 180cm × 180cm 左右，正好在建筑的高度中间的位置可以上下打开套窗。套窗的上木板用金属钩子挂住形成遮檐，套窗的下方木板变成折叠式的（想象一下茶几的脚就行了），伸出脚部就变成了板凳。简单而愉悦的装置。

　　凝视街道两旁的佛顶构造的住家排列着的景象的时候，我的心情变得柔和起来。去的那天，天气不好，没能看到有人在套窗木板凳上睡午觉，下象棋，或者谈天儿的人们，不过，我的脑海中浮想起那种悠闲自在的景象。可是，两年前重访当地的时候，佛顶构造的住宅消失了。生活的系统变掉了。

21

　　托马斯·摩尔在《乌托邦》中没有记述建筑物的形式或者大小，以及其他具体地的记述。但是他具体地描写了住在乌托邦的人们如何喜欢庭园。

　　"他们非常珍爱自家的庭园。庭园中以葡萄园为首，人们精心地、诚挚地栽培各种各样的水果、蔬菜和花卉。我想，果实这么丰富的、照顾得这么好的庭园在其他的地方是看不到的。为什么对庭园的工作这么用心，不单单全都出于爱好，这是一种竞争，各人被分配不同的职责，在各街道之间因照顾、耕作、治理庭园等工作而竞争，热心来自于这样的事实"

22

"niwa（庭）①基地中设置的空间。种树和种花草，建造泉池，使人的生活产生空间上的扩展或增添情趣。②举行某种仪式的地方。以前祭神以及进行公事的地方。泛指为了狩猎、渔猎、农活等生计而干活的地方。③指家的入口，厨房等室内的土间。这是某地的方言留下的说法。④家庭。⑤广阔的海面"

《大辞林》中的"庭"的定义，去掉用语例子后即是如上内容。庭，不只是意味着①的定义那样，让人凝视的、进行了人工修理后的自然。如③的定义那样，可能是会客的场所，如②的定义那样是"举行某种仪式的地方"。

集合住宅中，每一住户不可能拥有庭园。但是，总会有小小的阳台。阳台是以往住宅的庭园的残存形态。

不仅是住宅，所有类型的建筑不都是需要庭园的吗？它们有可能是为了使人们聚集到那个建筑物的"入口"，有可能是集会的人们"举行什么仪式的地方"。每一个建筑，不都需要与外界连接的小场所即庭院吗？

而且，当我们凝视着有花草、树木、池子、山丘的庭园的时候，我们找回了安静的时间。即使是没法拥有庭园的人，也会在小巷中培育花木，在阳台上种植花草。任何时代，种植花草、树木、爱玩池水山丘，都需要时间。没有被工业产品化的自然向我们发出信息，使我们注意到发芽、成长、开花、枯死和再生的这个生物的韵律，四季的季节更替，它们是连结过去、现在和未来的时间的流动。

23

现代人好像克服了来自大自然的恐怖。可是，人类也是自然的一部分。现代人就连对他人的恐怖，也想通过只造一个门的住宅来解决。但是，集合住宅的一门一户长长地排列着的走廊的景象，酝酿出另一种恐怖的心理。这是自我生活的全部都处在机械地管理之下的缘故。人们开始怀疑活着的意义，而且将思考导向无意义的死亡。恐怖的根源，来自谁也克服不了的平等的、不知不觉地来临的死亡的结局。只要人类变不成机器，就不能逃避死亡的恐怖。

以往日本人的家中，都有供奉死者——自己祖先的佛堂的习俗。在现代，有佛堂或者供奉神的房间的住宅变少了。供奉祖先的行为始于对死的恐惧。当人们悟出谁也不能回避死亡的时候，人们通过供奉死者而创造出生与死共存的场所。家中总有死者的场所，让人们感到自己此时此刻在这里活着的时间，并意识到将来的某一天自己也会死，从而思考自己也会作为死者而活着的时间。

失去供奉死者的场所，不正是丧失了可以考虑比自己的一生更长久的时间的场所吗？

24

现在想一下，你感到喜欢、心情好的场所。那个地方，正是你一个人能悠闲舒适地待着的地方。所以，你感到"发现"的情绪。那个地方正是与发现自我的重要的时间联系在一起的。

25

"住宅是居住的机器"，代表20世纪的建筑师勒·柯布西耶在1924年说出这句名言。但是他用这个言语是为了表达住宅的"2个目的"中的第1个目的而提出的。作为"为了获得使用上的迅速、正确性，给我们提供有效的帮助的机器、满足身体的各种欲求——愉快的、亲切的、周到的机器"。

可是，柯布西耶谈到建筑真正重要的，其实是第二个目的。

"其次，住宅是为了沉思默想的重要且必需的场所，那里存在着美，能够给人们带来必不可少的心灵上的静逸，也是这样的场所……我在说，住宅为了某种精神应该创出美的感觉"（《精神·创新》，山口知之译）。

柯布西耶指出创造第一目的"住宅是居住的机器"是技术人员的工作，正是第二个目的中指出"建筑的存在"。然而，只有"为了居住的机器"这句言论被广泛地流传，这正说明20世纪是歌颂技术的世纪，也是对技术产生畏惧的世纪。

26

今天，住宅越来越近似于机器。这不是源于为了便利舒适的生活而设置各种各样的装置，而是因为住宅也开始被大量地制造，又被大量地扔掉的现实。

今后的住宅，会变成处理大量的东西和信息的机器吧。但是那个时候，住宅能获得柯布西耶所说的"第二个目的"吗？

说不定在不远的将来，柯布西耶说的建筑的"第一个目的"即机器，和"第二个目的"即建筑本质会发生两极分化。

以第二个目的为指向的建筑，纵使工业化生产进步了，它也不会变成机器。为什么这样说，因为机器可以移动，而建筑因为适合于大地才开始成为建筑。无视周围的环境、地形，只是被安置在那里的东西，不是建筑，仍然只是单纯的东西。建筑需要考虑基地的地形起伏以及植物状态，周围的建筑物怎么配置，朝南还是朝北，风的强弱，怎么处理冬天的寒冷和夏天的暑热，有了积极地对人工环境与自然环境的思考才会产生建筑。

建筑不是树吗？在那块土地上诞生，在那块土地上死去。如果建筑聚集在一起的时候，没有创造出森林似的静谧与朝气，既有秩序而又兼有多样性的话，那么每一个建筑肯定是在哪里出错了。

由于计算机的出现，建筑的创作过程也大大地改变了。那不会招致建筑的雷同吧。通过运用计算机这个工具，人们能更好地、更深入地探求建筑，把日常生活放在过去和未来的背景中，具有比人本身更深入地思考建筑的能力。可以创造出柯布西耶述说的"第二个目的"的住宅吧。可以创造出如森林那样静谧与朝气勃勃、同时拥有秩序和多样性的街道吧。更新一个建筑，就会使街道整体都复苏。如果不是这样，对计算机这个工具的使用方法就是错误的。

27

很久以前读过的，作者的名字也已经忘记了，不过，我经常想起那篇散文。内容大意是，那个人走访现代风格的美术馆（路易斯·康设计的肯贝鲁美术馆）的时候，看见一位穿着牛仔裤，光着脚的少女观看着美术馆的展览。这位光着脚的少女的身姿与美术馆的寂静恰到好处地呼应在一起，使这位作者再一次地感悟到这个美术馆的伟大。

读了这篇散文之后，我眺望建筑的时候，常常试着想象让光着脚的少女走进来。少女有时走，有时停，然后再走。如果少女光脚不能走的话，我就认为那个建筑有缺点，光脚的少女在建筑内部可以自在地奔跑的话，我就认为它是卓越的建筑。

光着脚的少女能自由走动的建筑，不仅仅意味着安全。能吸引人们想光着脚走动的建筑，说明人们希望用自己身体的全部去体味那个建筑。

28

建筑不是只靠视觉来品味。触觉、嗅觉、味觉、听觉，让人的感官全部动起来，应该把至今为止经历过的场所的记忆全部动员起来品味建筑。即使你只是注视着建筑，你也肯定不断地受到其他感觉的作用。看见粗犷的混凝土墙壁，你能品味到粗糙的触感，从厚毛的地毯上体味到暖意，从金属的扶手中品味到冰冷和尖锐的声响，从木材的肌质中体会那种木材应有的柔软感和品味那个木材特有的香味儿。

建筑不是为了计算机而存在，而是为了让人用感官来体验而存在。

从一扇窗户，从一个把手中联想起自己孩童时代的记忆的事是会发生的吧。记忆可以复苏的原因是，在建筑中，或者走在街道中得到的小小的感觉的作用。光和影，声音和气味儿，触摸时候的柔软，冷暖的感觉。

你感到心情好，感到特别喜欢的地方，肯定是你的五种感官感到爽快的地方，使你的感官得到解放感的场所。

29

人类的肉体的欲望，没有你认为的那么大。为了生存和为了留下子孙后代所必要的最低限度的欲望，只有这些。没有止境地使欲望膨胀，全部是从头脑中发出的妄想。饱食导致了肥胖的身体，这并不是从肉体中产生的欲望，而是脑子在想吃这吃那。然而，比现代的饱食人类更甚的是，附加不必要的装饰，做出没有必要的巨大规模的饱食建筑太多了。

再一次想想你感到特别喜欢，心情好的场所。那种地方不是"有"种种要素，而是"没有"过多因素的吧？东西很少。没有大量的人群。没有什么气味儿。没有噪音。以及规模不是巨大的。

30

现在作为日本自身特有的文化被世界承认的是茶道，插花和俳句。在想到这些都是过去的文化之前，应该先考虑为什么这些东西在世界中受到肯定。这不仅仅是来自于东方情结的表面性的价值吧。

茶道，插花，俳句。这些东西都是从减少人的欲望，解放身体的训练开始的。自由不仅仅是自由自在地生活，也有"强制自我的自由"（石川淳）。

31

"让我们怀抱希望吧。但是希望太多也不行"（《莫扎特的信》，柴田治三郎译）。

32

"机器导致人的行为——继而导致人本身——不知不觉地精确且鲁莽地行动下去。这使得人的言谈和态度中，踌躇、慎重、苦虑等要素一扫而光。由于机械化，人的举动开始服从事物的非妥协性、追随一种没有历史感的要求。其结果譬如说，忘记了轻轻地、安静地、而且严严实实地关上门的习惯"（Theodor W. Adorno[①]《最小限·道德》，三光长治译）

哲学家阿多诺提到细微的、开关门的小事。可是他所指出的这些细微问题，不是隐含着比看到巨大建筑而震惊的现象更有深层意义的设问吗？

"机器对操纵它们的人的动作的要求中，如捶打安装、连续撞击的强烈的暴力性操作，可以看到跟法西斯主义者们进行的虐待行为的类似之处。今天人们的身体经验逐渐消失的事实，与种种东西必须在纯粹的合理性的要求下做成，事务之间的关联被局限在限定的操作形态中的事实有很大的关联性。操纵者不承认自由思考或者是物体的独立性等多余的要素，总是性急的，而实际上，正是那些被认为是多余的要素，在活动的瞬间不会被消耗掉而留下来，变成体验的核心"（同前）。

作饭，扫除，洗涤，知道今天发生了什么事情，买东西，出门旅

---

① 1903~1969，德国哲学家，社会学家，美学家。著有《否定的辩证法》，《美的理论》等——译者注

行、做衣服，和朋友联络……所有的这些事情都被加速度地进行，变得更加简单化。可是，更重要的是怎样与便利相处，由于这些便利导致阿多诺所说的一个又一个"体验核心"的消失。

33

所谓建筑师是个奇妙的职业。如果你将来想成为建筑师，那么你需要好好地考虑这个问题。建筑师设计各种各样的建筑物。住宅、学校、医院、派出所、消防署、美术馆、餐馆、百货店、工厂、办公楼、公园、车站……还有许多其他的建筑物。

当然，一个建筑师并不是精通这些建筑物所有的功能。尽管如此，许多建筑师设计住宅，只要有机会，他们也设计剧场、工厂、办公大楼或者派出所吧。

这是奇怪的事。通常做什么职业的话，就要一直专门从事这个领域。然而，建筑师设计住宅的时候，要想象住在那里的人怎样地活动。设计医院的时候，要知道医生、护士和患者怎么工作、怎样行动。也就是说，有时是厨师有时是客人，有时是教师有时又当学生。当然，实际上不会变成厨师或者教师。建筑完成以后，建筑师的身影就消失了。这不奇怪吗？

同时，建筑师不会自己去做垒墙的事，不去制作桌子，不去把窗户安装上，不去安装自来水管和电线，也不去培育庭园的花草。这不奇怪吗？说不定，人们甚至会产生这样的疑问——建筑师不是为人所需要的职业吧。

建筑师是医生和患者，教师和学生，厨师和客人的代理人吗？不是。建筑师是众多的手艺人和建造建筑的人们的统帅吗？不是。建筑师要想象医生和患者，大多数的建筑使用者，众多的手艺人和技术人员们看不到的风景。要能看见那个看不见的风景，这才是建筑师应该起到的作用。

34

"（画家）越是认真地、细心地观察对象时，他们的心灵越是在寻找不在那里的对象……在那里的物体和想要看到的东西之间终于产生了很大的错位，如果有人感受不到分裂的感觉，那么他（她）缺乏成为画家的资质"（《余白的艺术》李禹焕）。

可见的世界和想要看见的世界的错位。这不仅是画家，也是所有关乎创造行业的人们都应保持的感性。建筑师要想达到可见的世界之上的想要看到的世界，譬如是医院的话，超越医生和患者各自的立场，立足于更为公共的关系上。探求建筑基地所固有的风景的秩序、让创造出来的建筑如何去和它们发生关联。没有这种感性的人，缺乏当建筑师的资质吧。

35

有个性的，或者是艺术的，被这些用泛了的词语赞扬的建筑是不可靠的。

36

所谓的个性总是在跟他者的关联之中放射光芒的。如果说这个建筑有个性的话，能发现使用这些建筑的人们的新关系、新关联，能够确认各地段的固有性和周围环境的连续性，个性只有在这里产生。

37

一个人的真正的悲伤和愤怒是他人不能共有的。悲伤永远在每一人的心中潜伏着，愤怒也是从那个人的内心深处涌起。因此，即使能理解别人的悲伤和愤怒也好,与之共有是不可能的。可是喜悦是可以共同所有的。为什么这样说,因为喜悦是由于跟他人发生关系时,一起互相理解的时候产生的。

38

建筑是阿兰断言的那样,比人还要强壮的"坚固的物体"。然而,现代的大多数建筑的寿命却没法儿超过人类的平均寿命。建筑本身作为"物体",本来具有超过人们平均寿命的使用年限。那么,为什么许多建筑在比人的寿命还短的期间内就被拆毁呢?从经济方面的效率来看,它们变旧了。理由只是这个吗?

那么,只因为经济上的效率才来盖建筑吗?建筑为了满足使用者的相互关系才被建造。因此,从经济中寻求关系也是方法之一。把建筑全体看成是一个物体,从技术方面考虑也是方法之一。这种方法总是在求新吧。技术以革新为目的。因此,新的骨架,考虑建筑的新框架方式,新结构,从冷气和暖气以及电、上下水的方面来考虑也是一个又一个方法。

但是,仅仅使用技术方法的话,建筑在建成以后肯定一直不断地受到新建筑的创新性的威胁。如果只从经济效益方面来考虑,没有利益的建筑马上就会被拆毁吧。

39

建筑师们希望自己设计的建筑物在遥远的未来仍被继续使用,希望得到爱戴。为此,在设计中尽可能使用新的技术或素材,争取建筑的创新性。可是不管怎样,建筑是此时此地的非常有现实性的物体。因此,在建筑中不嘱托未来的话,这个建筑在诞生之时它的寿命就终止了。

建造一栋建筑需要很多人的参与。即使是巨大的建筑,它也是由小构件组合而成。制作这些一个又一个构件的人们也是存在的。所以说,建筑即使是小小的住宅,它也是公共性的东西。而且,公共的思想表现在构件和构件连接的细部。如果细部不协调,处于互相对抗的状态,那么,眺望这个建筑物的整体时,恐怕肯定会发现破绽吧。

如果在现场工作的人们和制作构件的人们把自己的喜悦倾注到建筑的细部,这个喜悦有可能传达给使用建筑的人们。建筑师工作的目标就是传达人们的喜悦,并通过体验的核心创造出来。成为体验的核心的,正是洋溢着使用人的日常的小小的场所,细部感觉很自然的小场所。

即使是巨大的建筑,使用人接触到的,感到心情好的地方,也是从小小的细部开始的。对小场所、小的细部不重视的话,巨大的建筑就变成了单纯巨大的东西。要使人感觉到巨大,就更需要重视小场所和细部。巨大的建筑也是由小场所和细部积累产生的。熟虑细部,才会创造出真正地新鲜的建筑吧。正是在众多的人们亲自动手制作的建筑细部上,积蓄着体验的核心。

40

再一次想一想,你觉得心情好,特别喜欢的地方。那是你发现的场所。

造房子的人们、建设街区的人们,真心期望的是让使用建筑的人们,使用街区的人们,能够在自己参与设计了的建筑和街区中发现并感到喜悦、找到能够共同拥有的场所。建筑中注入一滴对未来的希望之精髓,它就变成了建筑。哪怕是小小的场所也行。纵使那个建筑是巨大的高楼大厦,它们轻视小场所的话,就会受到未来的使用者们的拒绝吧。正是为了未来而建的小小的场所,才是当今建筑必要的一滴精华。希望你们在某一时刻的未来再一次发现它们。

松山岩/作家·评论家

● 建筑师很辛苦

建筑师这个职业

妹岛和世

为了说明建筑师是怎样一个职业，我决定在这里以我为例，写一写建筑师们过着什么样的生活。建筑师人数很多，这么多建筑师的存在，就意味着建筑师的形象也千姿百态。因此，我在这儿写的事，并不是具有百分之百的普遍性。大概分类的话，有属于大公司的建筑师和属于自己开事务所的建筑师，按这种方式分类的话，我主持着事务所，工作形式同事务所里工作的建筑师们有某些共同的特点。

我们的日常工作可以分为几个大的方面，一是要做建筑设计构思，一边与业主以及建筑使用者们开会商量，一边慢慢地归纳自己的想法，并把这些构思用图纸表达出来，到了施工阶段，还要由我们事务所派人监理工地上的建筑施工过程。在构思以及制图的过程中，不仅仅是建筑专业，还得跟结构设计、设备等其他专业共同协作，最近，配合新技术的要求，专业分化更加细致，所以和其他专业的人员共同协作的工作量增加了。也就是说，每个项目都组成了专门的设计小组，例如我们现在的项目，除了上述的两个专业合作人员之外，另外还要和外装修专业、照明专业、采光专业、声学专业、防灾专业，以及概预算专业等人员一起工作，根据项目的需要，合作的专业人员的人数还会增加。归纳和总结各专业的内容以及协调各专业的要求，需要相当分量的信息交流和反复的协商。进入现场后，又会增加和施工业者们的协商工作。

找项目和发表竣工作品也需要时间。要想找设计项目的话，一般的方法是参加设计竞赛，不过，这可是不管你做了多少努力，也不能保证一定会取胜的相当辛苦的工作。所谓发表作品，就是请人来拍摄建筑照片或接受采访，这是为了让自己的思考在作品完成之后，再一次作出冷静的判断，并且因此也能听到更多的他人意见，同时，看了作品的人中会有些人请我们做他们的新项目。

最近，各种专业领域互相渗透，比如说，有时，有人也委托我设计家具或者产品等等。还有一个工作就是要参加很多展览会。不仅是自己的个人展，有时根据主题参加小组展，或者是为别人设计展览会会场。

最近的特点是信息的交流和传播范围扩展到全球，从全世界各处发来邀请，或者是委托设计项目，或是邀请参加竞标，或是邀请发表作品，或是邀请讲演等等，各式各样的请求。当然，因为外国来的邀请多，实际接受外国邀请的概率就变高了。这两三年，我个人的情况是在日本和在外国的时间比为二比一，一个月里，大约有一两次到国外出差。这比一般的平均数要多一些。这种状态今后是否一直继续下去，我也不知道。拿我的情况来说，从五六年前开始，国外的项目慢慢增加，现在可以说没法再增加了，这是我的真实感受。

　　在这种状态下生活，拿上个月来说，月初，我和二位职员去巴黎和业主见面协商两天，之后，顺便到德国和业主协商，随后返回日本。在日本呆一周左右，又一个人去西班牙出席一个建筑师小组展的开幕式，做一个小小的讲演，之后和职员在德国会面，在那里做一个项目说明。与此同时，另外两位职员为了在西班牙另一个地方的实际项目去协商，另外三个人为了在美国的项目去纽约出差。在日本度过的一周里，两天在金泽的工地现场度过，回东京二三天后，再次返回金泽。金泽的施工项目即"金泽21世纪美术馆"工程，对我们来说是至今为止最大规模的作品，现在，有两个人常驻现场，两个人一周出差去三四天，两、三个人在东京的事务所为了这个项目做一些后期调整工作。

　　之后的时间大都在东京度过。如前所述，建造建筑物这一件事，需要和众多的人共同协商进行，此外，我还要在大学里教书，每天外出的时间很多，只有从傍晚到夜间是和职员们协商以及自己思考的时间。除了业主、施工承包商以外，建筑工程还要牵涉很多人，经常发生种种纠纷，其过程相当辛苦，不过，即使是这样，历经了辛苦的过程之后，建成的建筑物真的可以让人感到极端的快乐。

　　让我回想一下这五六年的工作。当时在共同通讯社的报纸上，辟出"工作的素描"专栏，每周一次，一共连载了5次。

竞标

最近国外委托的工作变多了。准确地说，不能叫工作，而是有可能变成工作的竞标邀请。

我在荷兰参加竞标说明会的时候，收到了从东京事务所传来的传真，才知道这个专栏的邀请。那时，设计说明会已经结束，我回到了宾馆，这时，讲解效果的好坏已经变得无所谓了，莫名地感到心情很放松，尽管自己不擅长写文章，还是冒出试一试的心情。稍稍休息之后去吃晚饭，回来之后，没想到竞标结果竟然来了。

原计划这个竞标要一个月以后才出结果。今年二月在芝加哥参加了竞标，最终陈述的第二天就得到了落选的消息，当时马上就感到浑身无力，在回程的飞机里心情很不好。因此，我原想这次出结果的时间比较晚是好事，没想到还是马上就来通知了。

这次我没有落选，选出了两个人，决定一个月后作第二轮竞标。听了这个结果，理应高兴，然而，转念一想，马上又要经历刚刚结束的那个辛苦的过程，又变得有些郁闷，可是如果这次再落选的话，心情会变得更加无奈吧，思前想后得心情很复杂。

做国外的项目，因为英语讲不好而造成很多障碍，这类困难当然会有，除此之外，国外的许多情况都和日本不同。我总担心设计真的中标了的话，做起来肯定特别辛苦，总也摆脱不了类似的烦恼。想想看，还是接到竞标的邀请传真的时候心情最好。邀请函能激起我"这次能创作出什么伟大的设计"这种跃跃欲试的心情。上一次，听到悉尼现代美术馆竞标取胜的消息时，与其说是高兴，倒不如说深感恐惧。

对一边儿发牢骚，总嚷嚷太辛苦太辛苦，一边儿做方案的我，职员们说，"要嫌苦，拒绝参赛不就行了嘛"，的确如此。明明知道这些，可每一次不知为什么还是会产生试一试的念头。（1998年10月20日）

截止日期

上周写了这些之后,又一周过去了。我总是感慨一周的时间过得太快。可是,设计却几乎没有进展。上文写到让我担心的第二轮竞标,一向没什么进展。做了又做,还是没有自己满意的方案。竞标截止日期越来越近,变得更加痛苦不堪。

这一周,还有另外两个截止日期。这两个也是竞标,其中一个又是国外的案子。其实,竞标的机会并不是很多,可是竟然赶到一块儿了。

竞标的设计地段在意大利那不勒斯附近的叫萨勒卢(Salerno)的历史悠久的小城市里。竞标要求作一个老城再生的市区整体规划,以及四个历史建筑的改建方案。这些历史建筑以前是修道院,一段时期当过监狱,现在空着没人用。

在日本几乎没有机会碰到这样的方案,觉得很有趣,没多想就接受了设计邀请。到现在稍稍有些后悔。尽干这种没准儿的事,没有那么多活儿能变成现实的工作(除了条件非常有利的竞标,一般的竞标得不到什么收入),也就是说很穷,事务所却忙得不可开交。

回头一想,自己开事务所已经有 10 多年了。没日没夜地、每天都像在跑障碍赛似地活着,刚开始的时候,还觉得一切都是刚开始、没办法,结果 10 年都过去了,一切都没变。最近,偶尔也会忧虑,再过 10 年自己到 50 岁的时候,是不是还是这样生活。可是如果客观地想,答案肯定就是一个。

既然这么辛苦,为什么还要继续干呢,说到底还是因为自己的方案变成了现实,而且它能让实际使用的人们感到快乐,这样我就非常高兴,并且让我对自己的工作生出感激之情。(1998 年 10 月 27 日)

Image 想像

想尽办法把竞标在截止日期前做完了,心情稍稍放松,但是,提交方案前出了大乱子。一到打印方案的时候，必定会发生这样那样的乱子。部分颜色飞掉了，图纸的数据太重，图纸不能按时打印出来。只是为了诸如此类的调整，时间不断地耗费掉。

再过三四天，提出最后一个竞标方案，总算可以告一段落。事务所久违了地寂静，让人反而感到有点怪。慢慢地吃饭的悠闲总算要来了。

东京银座的一个商店，邀请我们做了店铺立面设计，在10月商店正式开业了，业主来信说得到了相当的好评。能够得到这样的评价，作为设计者由衷地感到高兴。

建筑设计的工作有一个特点，就是被委托做的方案，谁也没法事前亲眼确认实物，所以相当难做。用图纸和模型要做很多次协商调整，不过，那终究不是建成的实物，最后看到竣工建筑的时候，如果业主和自己脑子里的想象不一样，就没辙了。因此，想象是微妙且不可琢磨的，时而看着图纸和模型而得到的想象和实际的印象会产生巨大的落差。

我的运气不错，碰到的业主都非常好，几乎没有遇到如上所述的纠纷，不过，还是得说建筑师是相当辛苦的职业。而且，最近对空间的品质、或者性能的评价方法，出现了根据某一个数值来判断的倾向。可是，我们不能根据某个人身高一米几、体重几公斤这些条件下结论说他是个很好的人，不能以这些数据作判断一样，我认为空间的舒适性来自于种种要素的关联与协调，可是，这种想法却遇到了越来越多的阻碍。

最近的观点用稍稍极端的话来解释的话，就是能用机器来控制的东西就是最好的，尽可能排除不可预测因素，其结果导致建筑不断地走向重装备。然而，在满足基本要求的条件下，接受一些可以承受的不方便，以小小的牺牲换取空间品位的提高，这种生活方式不也会很快乐吗，这种想法难道只是设计者的任性要求吗？（1998年11月2日）

平衡

三天前，终于结束了最后一个竞标，事务所恢复了正常业务。因为来不及邮送,临时派了一位职员去送图。现在心情很放松也很高兴,但是,正因为非常状态持续了很长时间,和它成正比,也要花一段时间才能恢复到平常心态。加上天气忽然变冷,说不上为什么有些不安。

从下周开始,我要去荷兰的建筑学校教一周课。荷兰的竞标结果也正好在那一周出来。很不凑巧,不过,讲学的事很久以前就答应了,不能反悔。

非建筑专业的人,说不定会认为一周这么短的时间能教什么呢,不过,建筑专业的授课中有 Workshop 讲习班这种方式,在一定的时间内,把某个项目的设计方案作出来。这期间,我每天都要从早到晚和学生们一边讨论一边做方案。

以前在墨西哥也搞过讲习班,不过,那个时候,很多大学教授也混在学生中,我这边说了意见以后,针对我说的,那边拿出来种种资料,变成了好像我在听课一样。不知道这次会怎么样,不做就没法说什么,下周写这个专栏时,肯定可以向大家报告了。

就在三天前的夜间来了传真,这次通知罗马的竞标通过了第一次预选。有十五位建筑师留下参加第二轮竞标,截止日期是明年的二月。

现在依旧感到疲劳,身体还没有充分恢复,这时继续这种竞标稍感痛苦。能受到大家的邀请我本人也心存感激,但是,我感到接纳什么样的项目,今后需要慎重考虑,否则应付不过来。构思是快乐的,虽然如此,构思和变成现实的竣工后的实物之间在某种程度上达不到平衡的话,我会苦痛。(1998 年 11 月 10 日)

Workshop 讲习班

在荷兰建筑学校的 Workshop 讲习班结束了。来之前想过要在这里停留一周,会不会觉得无聊,没想到一转眼就过去了。

约有 50 名学生,分成了六个小组。和每个小组讨论一个小时,也要花六个小时。对进行得不太顺利的小组稍微多讲一点,30 分钟马上就过去了。除了教学以外，有两个晚上从八点开始，我和我的搭档作了公开讲演。每天从 10 点到 12 点之间，我跟当地的建筑师们一块儿吃饭，回宾馆睡觉时往往是夜间 1 点或 2 点。

和日本不同，这里的学生来自世界各国。学生们用不是母语的英语，叙述着自己的构思过程，光是这件事，就很让人感动。

学生们来自不同国家，因此观点与看法有很大不同，在这种情况下要想办法把各种想法揉和到一起，就得想办法。我让各小组成员或者清晰地阐明自己的意见，或者提出清晰的草图，以此来决定自己的想法能否融入小组方案中去。

现在我在机场。我要去看来之前接到过了第一轮竞标的罗马现代美术馆的基地。

在那里和事务局的有关人员会面，明天终于能返回日本了。

看来，欧洲各国之间的相互联系的确密切，很多人来信祝贺我通过了第一轮竞标。有的人还告诉我说，最后肯定还是选意大利人的方案，也有人告诫我说，在意大利即便竞标取胜了，也绝对不会照样实现等等。

本来以为在这边的时候，能知道荷兰的竞标结果，可是还没有消息。荷兰人都很关心，每天都问有了什么消息吗。回答说还不知道，大家都歪着头说很奇怪。这次竞标好像比一般的情况复杂很多。

从决定开始写竞标之事起，一个半月的时间已经过去了，还没有动静。但是，这却让我很放松。（1998 年 11 月 17 日）

以上是我五年前的生活体验，可是令我自己也惊讶，现在的生活跟 5 年前没有丝毫改变。算起来，我开设事务所已经 15 年了。忙忙碌碌的日子，一转眼就过去了。刚开始的时候，还以为因为才开始所以很辛苦，忽然有一天意识到这样的日子已经持续了 10 年，而现在的辛苦程度和五年前的情形完全没有改变。我想今后的生活肯定是这种情形的继续吧。

妹岛和世/建筑师·庆应义塾大学教授

● 建筑是软弱的

自然的力量是伟大的

水津牧子

2001年9月11日晚饭后,我想看台风预报,打开电视,屏幕里出现黑烟滚滚的纽约世界贸易中心(WTC)的景象。是不是出了火灾,我支着耳朵听解说,说是"事故"。一边想挺严重,一边收拾饭桌,这时听见孩子们"啊……"的尖叫声,回头一看,画面上满是红红的火焰,电视里说"飞机撞上了"。我心想有像客机似的战斗机吗,一边紧盯地画面,不再离开。

之后,知道了这是恐怖分子的破坏行为。过了一会儿,画面里已经看不到另一栋塔楼,刚想是不是摄影角度的原因,这时传来播音员的"看起来南栋坍塌了"的声音。之后,南栋坍塌的瞬间被一再地重播。现实里竟然会发生这样的灾难,就在我难以置信地感叹之际,这次北栋开始崩溃,在短短的一瞬间,两栋410m(110层)高的建筑物彻底倒塌了。

刚才还在那里庄严耸立的建筑物,即使我用自己的双眼,亲眼看了它们坍塌的瞬间,心里仍然难以相信这是现实。

在那之后,逐渐地了解到详细的情况,塔楼在大量汽油燃烧着的大火中,挺了一小时以上,正因为这个优秀的性能,争取了时间,许多人在这段时间里及时避难。如果说还有奢望的话,那就是真希望塔楼能够再坚持一会儿,直到最后一个人脱离危险的时刻……

虽然在银屏中看到了现实中的建筑物崩溃的瞬间,包括我在内,许多人依然坚持建筑是实实在在地耸立在地面上、永远安定的观念吧。

从古代时起,人类为了保护自己不受各种各样的自然灾害(重力,地震,风,雪,水)或火灾等危害,不断地思考着各种对策。也正因为如此,建筑变成了能给我们安全感的场所。近几年来,不仅需要解决建筑负荷的安全性,而且还需要考虑由于人为因素造成的灾害对策。比如说填海等人造住宅用地的问题;酸雨、地球温暖化、由于氟气造成的臭氧层破坏等问题;由于人群超负

自然的力量是伟大的

照片1　耸立在曼哈顿的世界贸易中心的双塔

荷集中而导致的灾害；恐怖活动等等，对以上灾害也不得不考虑相应的对策。

最近，有些设计已经开始考虑恐怖活动的危害，在设计里做到防范于未然。不过，我在这里要介绍的课题是针对自然外力或火灾怎样提高建筑的安全性。

日本的地理位置正好处于世界上最大的陆地和海洋、即欧亚大陆和太平洋的交界线上。因为海底挤在大陆板块下面，以致地震频繁发生。我听说过这样的数字，即日本的国土面积仅占地球陆地面积的400分之1，可是，日本列岛及其周围发生的地震和火山喷发释放出来的能源，却占地球能源总量的10分之1。因为日本处于地壳活动率高于平均值40倍之多的地震地带，对地震和火山喷发要做好心理准备以及物质上的防范。同时，由于日本又位于低气压风域地带，导致大量的风害与水灾。日本的自然条件虽然如此严峻，但是也有水源充足、绿化丰富的优势，并且，由于强风而使大气污染也得到缓解。

由于以上的地理条件，在日本大部分建筑物的结构体系都是能对付地震及强风侵袭的安全体系。即墙体面积大，柱子和房梁很粗壮，因此房子都很坚固。

寺田寅彦在随笔集《柿子的种子》中写到"有些人因为日本是多地震的国家而感到悲观，可是，人类的历史很短暂，现在人们认为没有地震的地方，说不定3000年或者5000年后会发生一次导致整个国家覆灭的大地震。这个3000年或者5000年说不定就在明天到来。在那时，那个国家的人们，说不定会羡慕地震国的日本"。反复经历的事情，在某种程度促使人们能够做到有备无患。特别是，对无时无刻都存在的重力负荷，不光是专家，许多普通人也能凭着本能做到防范。虽然这么说，偶尔也听到房檐或阳台掉下来砸伤人的事……

前面也谈到了，日本经常发生大地震，为了避免人员伤亡，针对各种灾害，特别是地震，国家制定了各种法律。可是，法律的重点放在了人员不受伤害这一点上。在发生大地震的时候，建筑出现裂缝，严重的时候导致倾斜和坍塌的现象也时有发生。不想让建筑物因地震而损坏，或者像医院那类公共建筑，在地震时建筑物受损的话，会招致连锁性的混乱，对这类建筑物，选择建设用地时就必须慎重考虑。要详细解说地震对策的话，涉及的专业知识太多，在这里就免谈了。（在日本）建筑师也包括结构设计专业人士，如果想要造比法律规定的标准更坚固的建筑，建议你和结构设计人士商量。

风——美国塔克马（Tacoma）·纳罗兹的悲剧

让我们看看稍古的记录。日本从1903年到1952年的50年间，发生了212次风暴，建筑物遭到很大破坏，其中62.7%是台风，25.6%的风害是温带性低气压，其余为局部地区性风暴（各地有固定的名字，如红城风暴等）占11.7%。

针对风暴，有以下的解决措施。
①用防风林、以及在住宅周围种树，依此抵御风暴。
②减小屋檐的悬挑、降低屋檐的高度，以此减小受风的程度。
③设法调整平面形状，比如把平面的四角去掉等办法。
④在高层建筑的周围安排低层，以诱导风的流向。
⑤把建筑的中间层做成中空的剖面形状，设法诱导风的流动。
⑥预告有强风的时候，暂时牺牲建筑物使用上的方便和使用目的，采取防御风暴的对策（比如，把高尔夫球练习场的挂网降下来，以减少受风面积）。

目前，能破坏建筑物结构体系的暴风之一就是龙卷风。虽然龙卷风的详细原理还不很清楚，不过，它对建筑物施加的力学作用，首先是因为它巨大的风速而产生的风压力（据说龙卷风的风速有时达到100m/s左右。风速40m/s的话，就能吹倒树，可见它的能量有多大）。龙卷风中心的附近，气压急剧地降低，因此固定得不牢靠的东西会被卷起来，由于风力与建筑物内部之间产生压力差，导致建筑爆炸的力学作用现象也时有发生。并且，由于龙卷风卷来的东西边旋转边飞动，它们都变成了像长矛似的武器，能穿透厚厚的墙体和屋顶。

可是最近，由于气象信息和防灾方法的进步，以及按照过去的风灾数据采取了预防对策，在日本，由于风害使建筑物主体结构遭到破坏的例子变得越来越少。

虽然不是建筑实例，让人印象深刻的是美国的塔克马桥遭受风暴破坏而坍塌的事件。塔克马·纳罗兹桥建造于1940年，大吊桥的跨度（长853m），当时号称世界第三，就在竣工后不久的11月7日的早晨，因为仅仅是19m/s的风速而坍塌（照片2）。结构设计是按照能抵抗预想最大风速53m/s来计算的，然而仅为设计风速的三分之一的受力它就坍塌了。出现事故之前，已经有人指出过桥面摇摆过大的问题，为了调查摇摆的情况，在现场设置了摄影机，把桥的摇摆状况拍成了电影，因此，受害当天，突然发生崩塌的悲惨景象被胶卷忠实地记录下来。桥面的水平方向的振幅不过是60cm，然而上下方向的振幅竟然高达9m，人们都说大桥像丝带那样摇晃着。关于这个事故，包括进行大规模的风洞实验，用了将近10年的岁月，进行了彻底的研究，总算弄清楚引发这种现象的根源，并找到了可以解决这个问题的相应对策。

高层住宅或者宾馆，由于风力而造成的摇晃与噪音，有时也会变成很大的问题。最近为了解决这些问题，有些建筑上设置了能吸收风能、并且能减少摇晃的控制震动的技术装置。

自然的力量是伟大的

a 开始摇晃时的状态　　b 坍塌时的样子

照片2　塔克马·纳罗兹桥的坍塌

a 雁行状排列的干栏式书院建筑群

b 桂河和堤防之间的桂垣　　c 用竹子生垣做成的桂垣

照片3　桂离宫中的防洪对策

雪——地区各异的积雪情况

最近，由于大雪而造成建筑倒塌的事故不常见了，这也是因为从过去的经历中总结了种种经验教训的结果。

1963年1月下大雪，在北陆四县平原地区的福井，石川，山形的山谷地区的积雪量，超过了以往最大积雪记录，由于积雪和雪崩在全国造成重大灾害，死亡184人，建筑物完全倒塌与局部倒塌合计1631栋。

雪灾不仅仅是因为积雪厚度造成灾害，积雪的密度也带来很大的影响。日本全国的平均积雪密度约为$1kN/m^3$，但是，下雪多的地方，积雪的密度也就变大。假如从下雪一开始的时候就实行观测，一直持续到雪融化为止，就可以知道积雪融化时期（积雪厚度减少时期）的积雪密度比下雪时的积雪时期（积雪厚度增加的时期）大得多，各地方之间的数值差也随之消失，一律变成约$5kN/m^3$。简单地说，就是从积雪达到最深时算起，过了十天或者一个月的时候，达到积雪融化时期的最大密度。

针对这样的积雪状况，有以下几点解决办法。

①当积雪达到一定厚度的时候，必须进行人工除雪。（雪负荷设计以人工除雪为前提条件时，把除雪后的最大积雪量定为计算值，各地都在出入口等显要的部位挂着警示牌，牌上写着最大积雪量的数值）。

②设计屋顶时，采取让雪自然滑落的形式（比如很陡的坡屋顶）。（因为落雪会对建筑物墙体和玻璃窗带来强大的冲击力，所以，建筑物无论是处于雪会滑落到邻家院子的住宅密集地里，还是周围有宽阔的空地，都要考虑相应的处理办法。）

③安装融雪装置（沿着屋面放10℃到15℃温水的方法等），以减

少雪负荷。

水——向桂离宫学习

水灾可以分为直接性灾害（因水而导致腐烂，生锈，侵蚀等现象），以及泥石流，地表滑坡，山坡塌方以及地下水位上升等灾害。

怎么控制水、治水，从古代时起就被当作国土政策上非常重要的课题而得到重视。也就是说，从那时起就遭遇过众多的水灾。虽然在现代社会里，建筑物本身因水灾而受损的例子越来越少，可是，就在不久前，东京的市中心出现地下浸水现象，致使人员死亡。这种城市类型水灾的特征是在局部地区发生瞬间性暴雨的状况下而发生。

让我们看看以下数据。根据以往的建设省的调查资料（1967~1978年）来看，由于自然灾害造成的死亡人数分别为：塌方死亡人数990人（占31.3%）；洪水死亡人数1188人（占37.6%），泥石流死亡人数982人（占31.1%），大体上各占三分之一。发生洪水时，象住宅那类的建筑物，有时会连地基也一起冲走，对这样的现象，目前还没有有效的解决办法，因此，为了阻止洪水，有必要建造堤防。

桂离宫建造在桂河经常泛滥的地方。因此，在这里采取了很有效的防洪对策（照片3）。比如，建筑采用干栏式，设定的地板高度比以往的洪水记录最高水位稍高。而且，为了防止洪水冲击到建筑物，在建筑物的前方设了好几层的竹篱笆①围墙。这些竹篱笆的做法也各不相同。离河最近的竹篱笆，它的网眼很粗疏，这是为了消耗洪水的能

---

① 日语原文中使用了"生垣"这一词汇，即指用有根的活植物做围墙，如灌木丛围墙，竹子围墙等。这里的篱笆墙指用活竹子做成的围墙，因此不会倒塌——译者注

量，在里面的竹篱笆为了避免砂土流入而设置，因此它的网眼很细，如此这般下了很多功夫。

土墙和木板墙壁，如果正面承受洪水的冲击，有被冲倒的危险。如果墙倒了，洪水就会直接冲击建筑物，这样，在做建筑设计时，就不得不考虑意外的受力情况。可是，桂离宫通过使用各种不同种类的竹篱笆墙，解决了洪水的问题。这是人们运用聪明才智使洪水受害控制到最小限度的好例子。

为了防止雨水进入建筑内部，有很多日常性的对策。比如，调整屋顶形状，在屋顶使用防水性能高的材料，在地下部位做好排水、防止渗水设计等等，除此之外，还有以下的防水办法。

①为了防止山坡塌陷等塌方事件，有以下各种处理方法。比如，人工改变坡面的断面形状，通过对地表水和地下水的排水调解，来减少坡面的间隙水压。另外，还可以通过建造护壁和打桩等结构体来增加坡面的抵抗力，使土石不致滑落。也有一些方法能做到即使土石滑落，也不至造成破坏的预防作用。

②为了防洪，建造堤防。江户时代建造的把整个村子都圈起来的堤防，这样的例子还有很多遗留至今。

③设置防水板等，阻止水流入建筑物内部。

④防止由于地下水上升而导致建筑上浮。

其实，建筑物单体能做到的防水对策很少，针对地域整体的对策，包括建设地点的选定等，必须立足于大范围来考虑防水对策。另外，预先调查好在什么样的降雨条件下会发生洪水，当降雨量达到会发生洪水的危险程度之前，能够做到及时避难。

此外，还有因地下水而发生的灾害。地下水不仅会从建筑物的裂缝中渗到建筑物内，而且，因地下水压增大而导致建筑物浮起的事例也时有发生。特别是设计埋入深度深、而结构体很轻的地下构造物的时候，必须注意地下水的浮力问题。必要时，可以采取增加地下构筑物的重量的办法，或者设置铁锚，以此固定建筑物。地下水位因降雨等原因而上升，高于设计水位的事也时有发生，对这一点在设计时应给予一定的注意。

火灾——无处可逃的事故

一般来说，人们都认为木材抗火灾的性能很弱，其实，这个说法只对那些断面很细的木材才合适，断面大的木材外围部分因燃烧而炭化，炭化部分起到耐火作用，因此能够发挥防止木材中心部位温度上升的作用。拿柱子来说，燃烧后只要还有足够支撑上部重量的断面大小的话，直到火灾平息，柱子都会一直支撑着建筑物，不至于坍塌。

18世纪末，铸铁被广泛地作为结构材料使用，其原因之一据说是为了增加工厂建筑的耐火性。因为当时的工厂照明都使用明火。并且，开始使用的铁（铸铁和钢）来取代木结构地板。可是，如果温度上升得过高的话，钢铁也同样会变得不能支撑负荷。

图1表示了钢材结构材料的强度因温度的不同，哪些性能会发生怎样的变化。当温度达到250~300℃以上时，钢材的强度会急剧地下降，同时会变软（Young's modulus，纵弹性系数降低）。因为钢材有这样的特性，为了避免惧怕高温的钢铁结构在火灾时温度上升，而不得不做耐火保温层。因火灾等原因，钢材只要遭遇过一次700℃以上的高温的话，回复到常温后，也会出现弹性界限下降等现象。

钢筋混凝土结构中，混凝土起到钢筋的耐火遮蔽作用，但是混凝土受到长时间的高温作用的话，其强度也会下降。如果混凝土受到直接的烘烤的话，其表面强度就会有很大的下降，火灾后看起来好好地钢筋混凝土结构，也有必要对它进行是否具有安全支撑建筑物、承受地震破坏的强度调查。

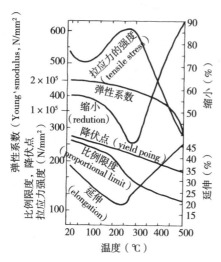

图1 钢材结构高温时的特性

照片4 因煤气爆炸引起的坍塌

照片5 汉谟拉比法典的碑

火灾对策，最基本的就是不放危险物品以避免出火，此外，要做到万一火灾发生时，可以抵制和防御火势蔓延的防御措施。

万一火灾在建筑物内部发生时，如下的对策可以把受害程度控制到最小限度，在结构设计时，要考虑到即便遭到火灾，结构体也能够很好地支撑建筑物的荷重，并且，在设计阶段，就有必要考虑受灾后结构体的再利用问题。

①防止延烧（通过热感器和烟感器在短时间内觉察到火灾的发生，使防火喷淋自动启动，进行初期消火。需要分化防火区以及设置防火门和阳台）。

②减少可燃烧物。使用不着火的材料达到不燃烧的效果。

③把因烟和热度而造成的损害减少到最小限度（设置防火垂帘、防火区、防火门）。

④进行容易避难的建筑设计（两个方向的避难口，避难诱导灯，设计简明易懂的避难路径，设置安全的避难楼梯，设置排烟设备等）。

⑤使用燃烧时不散发有毒气体的材料。

美国的资料显示96.2%的火灾仅用防火喷淋即达到了消火目的，这个数字证明了防火喷淋对初期消防的有效性。建筑物单体的防火对策的重要性自不必说，同时，在作城市规划时，把城市和街区作为一个整体来考虑火灾预防也是必要的，例如，设置幅度宽阔的道路和树木繁茂的公园以防止火灾延烧。

以上谈了一般性的火灾对策。在特殊的情况下，建筑物里会发生煤气爆炸的事件。这个时候，结构体本身会遭到急剧的冲击力和高温。在英国，1968年24层楼房的集合住宅里发生了煤气爆炸，当时的情况如照片4表示的那样，因为18层的墙壁被炸掉引发了这个部位的结构上下全部坍塌（让人联想起WTC的情形）。这个事故以后，为了确保即使因煤气爆炸失去一部分支撑构件，也不会导致建筑物整体崩塌的现象，英国对大型预制混凝土板结构体的建筑，采取了加强各部件整体性结合力的对策。

建筑物需要被长期持续地使用。在日本，建筑寿命比较短（大约20～30年），但是，最近也有公司宣传要建造可以持续使用100年以上的建筑物。使用期限变长后，对地震和暴风雨发生频度的估计值，理所当然地比短期使用期限时的数值要大。建筑物要能够承受强大的外力，达到长期使用的目的是很重要的事情。但是，建造安全的建筑物同时意味着建设费用的增多，有时，为了安全也会造成日常使用上的不便。因此，设计要考虑到安全性、经济性以及使用方便这三者之间的平衡。

因"以眼还眼，以牙还牙"的名句而闻名的汉谟拉比法典，是以完整的形式残留至今的最古的法典，它由汉谟拉比王（公元前1728～1686年在位）颁布。汉谟拉比法典为了确保建筑的安全性，作了严格的规定（照片5）。法典规定，建筑师收取了高额的设计费时，如果他设计的住宅墙体遭到损坏而变成危房，建筑师必须自己负责修缮；如果住宅坍塌，包括砸坏的家具和家产，建筑师都必须赔偿。并且，如果因坍塌导致户主死亡，那就得让建筑师来偿命，如果户主的儿子死亡了，就得让建筑师的儿子来偿命。户主接到政府机关的警告，通知了他的住宅不安全之后，户主不修理而把住宅转给别人居住时，这个户主就会被判为重大犯罪。作了这么严格的规定，可见当时发生过很多建筑物坍塌的事故。

过了大约4000年以后，在日本为了建造安全的建筑物制定了很多的法律，然而最关键的责任问题还很暧昧。另外，在日本的房产税收办法是把建筑物竣工时的价格定为峰值，之后价格不断下降，用这种方法来计算税收，这也是责任不清的原因之一。还有，即使进行了安全的建筑设计，由于维修管理（生锈或裂缝，白蚁虫害，以及不及时修理腐烂的木材等）的不善，错误的使用方法（如避难楼梯放东西致导致防火门不能关闭等现象），也会降低建筑物的安全性，关于这一点还没有受到大众普遍的理解，这也是存在的问题。

看到现在建筑师和施工单位、房产所有者之间责任暧昧不清的现象，或者看到建筑物出现安全问题或者违反建筑法规的现象时，我不由地羡慕罕莫拉比法典的时代。

建筑物的性能，特别是安全性，要靠建造者和使用者双方的努力才能实现。无论法律针对建设者（设计和施工）们作了多少限定，如果维修和管理不当的话，或是使用方法错误的话，也会引发重大灾害。可见正确的使用方法的重要性，我深刻地认识到今后要积极地向大众宣传正确的使用方法。

回头看看过去的历史，由于对技术的盲目信任，导致了桥梁和建筑物倒塌的事故。自然也时刻在变化，也有发生过去未曾经历过的灾害的可能性。伴随科学技术的进步，反而导致新灾害（万万没有料到的）的发生也是有可能的。在现代的程式化操作不断发展的今天，不要过于相信技术，不要忘记自然力量的伟大，回到人类原点来考虑问题是最重要的。

水津牧子/软件公司职员·结构师

● 散发毒气的建筑物

"致病屋"(Sick house)的问题

田边新一

逐渐逼近的"致病屋"（Sick house①）症候群

如论是什么时代，当社会发展到富裕阶段，人们就会产生健康长寿的愿望。尤其像日本这样的老人社会就更是如此。日本到了2020年时，4个人里就有1个人是65岁以上的老人。长寿现象导致住宅的使用期限也相应延长，因此住宅变得至关重要。然而，目前却有很多住宅被叫做"致病屋"，因住宅或建筑的原因导致病症发生的事时有报道。有时报道甚至连篇累牍。由于不知道这方面的知识，在不知不觉中得了病的话，情况会变得更加严重。在住宅里，孩子有头痛或眼睛痛、哮喘、情绪不好、过敏症恶化等症状出现的话，说不定原因就在"致病屋"。

"致病屋"的原因不仅仅来自建筑使用的污染性化学物质，发霉、臭虫、花粉、军团菌（Legionella）等各种各样的原因都有，不过，现在人们最担心的是甲醛、甲苯等化学物质。

在日本为什么会出现"致病屋"的现象？考虑这个问题的时候，必须要谈一下战后日本住宅的历史背景，也就是销售住宅变得像销售家电产品一样，尤其是工业化住宅的普及率提高了，每一年至少要供给不低于100万户以上的新建住宅。和欧美相比，按住宅总数和人口比例来算，这个数值也极端之大。因为大量化的需求，住宅生产变成全国性规模的新兴产业，并由规格化、低成本化等经济原则来控制运作。

另一方面，从物理学的角度出发，为了节省能源和考虑到地球环

---

① Sick house 是指由于建筑材料或者建筑用粘合剂等分泌出来的不良化学物质，导致室内空气污染，并且引发人们头疼、眼睛疼、喉咙痛或者其他过敏症状，把这种住宅叫做 Sick house。此词汇在台湾译为"致病屋"、香港翻译为"新居病"，"新居症候群"等等。公共建筑出现这种现象时，称作 Sick Building Syndrome。本文将此词汇翻译为"致病屋"——译者注

"致病屋"（Sick house）的问题

境问题，住宅不断地提高密闭性和隔热性能。当然，高密闭性、高隔热性能可以削减能源消费量，提高居住的舒适性，并不是坏事。可是，如果室内建材或施工材料含有大量扩散性很高的污染性化学物质的话，后果就变得很严重。不仅工业化住宅如此，即使是著名建筑师设计的住宅，也曾出现过室内污染性化学物质浓度超标的问题，因此这也不单是工业化住宅的问题。

导致"致病屋"的另一个背景因素，就是目前搞住宅施工的熟练工人人手不够。这个现象，就是人们最近常说的"手艺人精神"逐渐变淡了的实际状态。工人们不像以前的匠人那样，精心地切磋技艺，现在的工人不管做什么，都用大量的粘合剂粘。这也不能全怪工人，因为建筑开发商从经济合理化的角度出发，他们也要求尽最大可能缩短工期①。现代社会中，上班族被公认是理想的职业，手工匠人们的待遇不高，使匠人的自尊心受到了伤害，今天建筑业出现的诸多问题，不正是现代社会忽视匠人所造成的后果吗？可笑的是，被奉为理想的上班族社会，最近也面临着崩溃的危机。

1999年4月27日召开的"参议院国土·环境委员会"的国会中，进行了问答与讨论，具体内容如表1所示。让我来介绍一下这次国会的部分内容。通过以下内容，大家能了解到在国会也进行了相当专业的问答，并且希望大家读了以下内容以后，能够理解当室内污染性化学物质浓度超标的时候，必须要考虑用通风来解决问题。即一是，国会对室内环境的化学污染问题已经有所关注，二是，用通风来解决室内污染问题，大家读后能具备这两点认识，我就达到解说的目的了。

---

① 日本的住宅室内施工，分"湿式施工"和"干式施工"两种。前者即指传统的泥水活方法，费时间。后者指用化学粘合剂快速粘贴的施工方法，可以节约时间，但因此引发"致病屋"后患——译者注

在参议院的审议（1999年4月27日） 表1

弘友和夫议员 关于"致病屋"的问题。刚才局长发言说，规定"测定标准"有多么多么难。可是，你看看这个环境共生住宅的例子，对室内空气的质量，已经作了严格的规定。合成板类是这样的标准。并对铺在榻榻米、地毯下面的装修材料也作了规定，关于壁橱等家具有这样的规定，壁纸有这样的要求等等，都作了很清楚的规定。

这个实例里的这些规定以及标准，不是可以作为成熟的经验，在这次法律规定中采纳吗？像这个例子一样，归纳成一个标准，是最容易被大众理解的，并且可以达到客观评价的效果。比较和探讨是重要的，不过，关于这一点是怎么考虑的呢？

政府委员（住宅局长） 从目前的"致病屋"问题来说的话，的确如你所说的，把那些项目作为规定对象是事实，不过，问题的核心是室内空气质量的好坏，可是，已经发给大家的这些资料里表示的却都是内部装修材料、构件或者粘合剂等材料的使用标准。从这个意义上讲，在制定制度时，为了控制有害化学物质的室内浓度，对空气性能进行标准化的规定是很难的事。前面已经说过，用这些数据来规定室内浓度标准的话有难度，可是它又有十分的必要性，包括研究工作在内，今后一定要努力改善。在今后制定标准的时候，如果不能立刻作出规定空气整体浓度的规格标准的话，先对建筑材料作一些规定也是不得不采取的措施，如果这样退一步想的话，如您说的那样，规定建筑材料的类似手法也可以借鉴，这一点我们的看法是一致的。

……中略（关于 sick house 的各种各样的提问）

政府委员（住宅局长） 到一年后的实施期限为止，为了把化学物质室内浓度标准的规定方法提上日程，我们会尽最大努力去做探讨。

……中略（相关提问）

国务大臣 ……sick house "致病屋"，在搞清楚它对身体的不良影响到底有多大之前，首先要意识到这是关乎生命的问题，因此我在此指示一定要认真处理。

可怕的室内环境污染

1. 化学物质污染

以建设省①、厚生省②、通产省为主体，组织了健康住宅研究会，他们把甲醛（formaldehyde），甲苯（toluene），二甲苯这三种化学物质，和（施工现场使用的）木材防腐剂，防蚁剂，可塑剂这三种药剂作为首要控制的化学污染物质。现在，在电视上的商业广告也常常听到"甲醛"这个词。日本现在还没有关于甲醛的安全指导规定，不过，厚生省（当时名称）考虑到甲醛对人体健康的影响，于1997年6月做出了30分钟内平均值必须在 $100\mu g/m^3$ 以下（用25℃来换算的话为0.08ppm）的规定。另外，至今为止还没有针对挥发性有机化合物（英文缩写为VOC）的指导性规定，不过，由于室内空气污染问题越来越受到重视，厚生劳动省正在加速制定相关的指导方针。

厚生劳动省就"致病屋"问题的讨论会里，公布了甲醛以外的建材、施工材料以及防虫剂里含有的甲苯、二甲苯和对二氯苯（p-Dichlorobenzene）的室内浓度规定值。表2是到2002年1月为止对13种物质的浓度规定值。根据人体受到甲苯辐射的试验，以能影响神经功能以及生殖功能的最小毒性量为基准，把室内浓度规定值设为 $260\mu g/m^3$。关于二甲苯，用妊娠的母老鼠做试验，根据它吸入或受到辐射后生出的雌仔动物的发育情况，得出对中枢神经系统发育产生影响的最小毒性量数值，以此为基准，设定了室内浓度规定值为 $870\mu g/m^3$。关于对二氯苯，通过给小猎犬强制口服的实验结果，以敏感度最高的肝脏和肾脏受到影响的无毒性量为基准来换算，设定了室内浓度规定值

---

① 日本的"省"相当于中国的部委——译者注
② "厚生省"即为社会卫生福利部门——译者注

为240μg/m³。这些基本方针都是在不明确"致病屋"对人体健康影响的情况下制定的。根据毒性学制定了最低限度的规定，以这些数值来预防"致病屋"（Sick house）症候群。正如迄今为止的公害问题那样，等清楚了因果关系之后，再做对策就为时已晚。对二氯苯不是来自建材，而是居民使用的防虫剂里有的化学物质，为了防虫应该使用，不过，要知道过多使用化学物质会引发各种各样的问题。

另外此次还公布了标准的室内空气里化学物质的采样方法和测量分析方法。至今为止，因为没有公布采样方法和测量分析方法，而导致具体对策的滞后现象。但是，由于公布了涂料、粘合剂里含有的甲苯、二甲苯的规定值，对住宅和建筑内部装修工程产生了很大影响。如果设计人对此不加注意地做设计和施工的话，出问题时甚至会有被诉讼的可能。

更进一步地制定了表2中的苯乙烯（Styrene）、乙苯（Ethylbenzene）、邻苯二甲酸二丁酯（别名酞酸二丁酯，Di-n-butyl phthalate）、毒死蜱（chlorpyrifos）的浓度规定值。接着追加了十四烷（Tetradecane），邻苯二甲酸二-2-乙基己酯(Di（2-ethylhexyl）phthalate)，硫

厚生劳动省的规定（guild line）数值　　　表2

挥发性有机化合物	室内浓度规定数值（μg/m³）	规定日期
甲醛（formaldehyde）	100	1997.06.13
乙醛（Acetaldehyde）	48	2002.01.22
甲苯（toluene）	260	2000.06.26
二甲苯（Xylene）	870	2000.06.26
对二氯苯（p-Dichlorobenzene）	240	2000.06.26
乙苯（Ethylbenzene）	3800	2000.12.15

"致病屋"（Sick house）的问题

续表

挥发性有机化合物	室内浓度规定数值（μg/m³）	规定日期
苯乙烯（Styrene）	220	2000.12.15
毒死蜱（chlorpyrifos）	1 儿童标准是 0.1	2000.12.15
邻苯二甲酸二丁酯（Di-n-butyl phthalate）	220	2000.12.15
十四烷（Tetradecane）	330	2001.07.05
邻苯二甲酸二-2-乙基己酯（Di（2-ethylhexyl）phthalate）	120	2001.07.05
硫代磷硫酯（Diazinon）	0.29	2001.07.05
仲丁威 Fenobucarb	33	2002.01.22
挥发性有机化合物总量（TVOC）	暂定目标值 400	2000.12.15

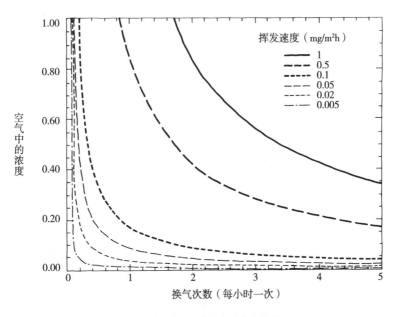

图1 换气次数和室内空气浓度的关系

代磷硫酯（Diazinon）的规定。邻苯二甲酸二丁酯（Di-n-butyl phthalate），邻苯二甲酸二（2-乙基已基）酯（Di（2-ethylhexyl）phthalate）等合称为邻苯二甲酸酯（Phthalate ester），在塑料和氯化塑料产品中使用，并且人们认为它除了导致"致病屋"以外，也被怀疑是环境激素（Endocrine Disrupting Chemicals）。毒死蜱和十四烷是有机磷系列的药剂，常用来消灭白蚁，但是它们的毒性非常高。

在室内如果测量挥发性有机化合物，很容易就超过100种以上。如果只对其中的一部分化学物质制定指导方针或法规的话，恐怕马上就会出现替代物。因此需要降低挥发性气体的总量。对室内挥发性有机化合物（VOC），表示其总量有TVOC（挥发性有机化合物总量）这种方法，对此，厚生劳动省作了临时性的指导性规定，把它的值暂定为400μg/m³以下。

2. 厚生省的实态调查

厚生省（旧称）对全国普通房屋居住环境中的挥发性有机化合物（VOC）的实际状态进行了调查。让我介绍一下这个调查结果。1997年度调查对象为180户，1998年度为205户。调查结果的概要如下：

①关于化学物质的室内浓度，1998年度的调查结果中，对二氯苯的平均值为123μg/m³、甲苯的平均值为98μg/m³，在全国范围内调查结果都是室内化学浓度比室外高。

②虽然抽样调查的大部分房屋里，化学气体的浓度较低，但是，个别房屋中检查出了极高的浓度，例如对二氯苯的最大值高达6059μg/m³、甲苯最大值为3390μg/m³。

③在很多实例中，甲苯的含量超过了规定数值。1998年度的调

查结果中，占总数6%的房屋里甲苯浓度超过了规定值。同时，有5%的住宅里对二氯苯超过了厚生省建议的耐容气体中的平均浓度值。

④关于个人受害程度，总体上显示出个人受害程度和室内污染性化学物质浓度有很大的关系，明确地证明了室内污染性化学物质浓度和个人受辐射量有重大关系。

⑤新建住宅和旧住宅作比较的话，1998年度的调查结果中，旧住宅的甲苯室内浓度平均值为$48\mu g/m^3$，而新建住宅为$304\mu g/m^3$，可见，在新建住宅中某一特定化学物质有高浓度倾向。另外，由于使用的建筑材料或者供暖器具的种类不同，室内浓度和个人受辐射程度出现了差别。

这个实际状态调查的结果在报纸等媒体中一经报道，立刻成为人们的话题。我希望大家把这个调查的结果和表2来做一个比较。这个调查结果是24h测量的平均值，是在居住者可以自由地打开门窗的状态下测量的，如果是在关闭门窗的状态下测量的话，其结果会让人不寒而栗。今后的课题需要从室内污染程度，个人受害程度，毒性学等方面来进行受害评估。同时，搞清楚污染气体从哪里散发，以及污染在怎样的条件下发生，让污染性化学物质的高浓度降下来的方策等等，都是今后必须研究的紧迫任务。

3. 国土交通省的实态调查

从2000年9月始，国土交通省在全国范围内对约4600户进行了实态调查。测定了24h室内空气的平均浓度。0.08ppm等于100微克/每立方米。甲醛的平均浓度是0.071ppm，低于厚生劳动省的浓度指标值0.08ppm，超过规定的浓度指标的住宅占27.3%。甲苯的平均浓度是0.038ppm，低于厚生劳动省的浓度指标值0.07ppm，超过浓度指标的住宅占 12.3%。

按照住宅建造年限比较一下甲醛浓度,发现在 2000 年调查之时竣工四五年后的住宅浓度最高,随着时间的流逝浓度逐渐降低。但是,刚建成两三年或竣工一年以内的房屋里反而出现低浓度的现象。这说明近几年人们关心"致病屋"的问题,选择健康的建筑材料的做法得到了普及。

室内温度越高,化学气体的浓度就越高。集合住宅和单栋独立式住宅没有太大的区别,日照多的楼层和使用了高密封性能的施工方法的房屋里,出现了高浓度的倾向。这个测量数据让人们感到震惊。从这个现象推算的话,日本住宅的 1/4 都变成甲醛成份超过厚生劳动省的规定标准值的不良产品。这个调查结果说明,室内空气污染不是居民采取自主性对策就可以解决的问题,调查结果成为修改建筑基准法和追加对"致病屋"规定的转折点。

4. 建筑基准法的修改

2002 年 7 月 5 日作为"致病屋"的对策,修改了的建筑基准法在国会通过。第 28-2 条修改如下:"针对居室内化学挥发物质在卫生方面的措施:有居室的建筑物,为了使居室内化学挥发物质不至于超过政令中规定标准,造成卫生上的危害,建筑材料以及通风换气设备必须要达到政令决定的技术标准"。这个法规适用于 2003 年 7 月 1 日以后开工的住宅和建筑。这个法律的文面稍显晦涩难解,基本意思就是要极力减少有害化学物质的挥发量,二是要进行适当的通风。在政令里规定的技术基准中,禁止使用毒死蜱,规定了居民有进行 24 小时通风的义务。同时,禁止使用挥发甲醛的建筑材料。

5. 怎样推定房间里化学气体浓度

通风换气和化学物质挥发量之间的关系会怎样影响空气中化学气体的浓度呢？图 1 表示的是在房间面积 $20m^2$（$4m \times 5m$）、层高 $2.5m$，容积为 $50m^3$，整个室内墙体表面为 $85m^2$ 的条件下的通风换气和化学物质挥发量达成的数值关系。通风次数是指房间的换气量除以房间容积得到的数值。例如，如果通风次数为 1 次/h 的话，则表示一小时之间，房间换气量等于房间容积量。修改了的建筑基准法中要求住宅必须有 0.5 次/h 的通风措施。在这里，为了简化计算，假定了户外空气的化学物质浓度为零。如果室内化学物质的扩散量变成两倍，室内的浓度也就变成两倍。同样地，如果化学物质挥发量是一定不变的话，通风量增加一倍，室内浓度也降到一半。

现在的集合住宅因为密封性很高，如果把窗户都关上，10h 之内实际上只有一次以下的空气替换程度。

6. 甲醛

甲醛是比重 1.067（空气 = 1）的无色、具有强烈刺激气味的可燃性气体。在甲醛的水溶液里加上甲醇（Methanol）就成为保存生物标本等的福尔马林。免烫衬衫就是用它来定型。

20 世纪 80 年代在欧美因为发生各种各样的问题而采取了许多对策，因此在高密闭、高隔热住宅里，最近很少能测出超过 0.08ppm 的高浓度甲醛。过去，在美国为了节省能源而使用尿素甲醛发泡树脂隔热材料（UFFI），引起了许多严重的问题。在日本正如国土交通省通过实态调查而得到确认的那样，即使是现在超过标准数值的住宅也有很多。甲醛也是人们担心的致癌性物质之一，尽早采取紧急的对策是必要的。表3表示了甲醛对人体的影响。

那么，甲醛是从哪里挥发出来的呢？对一般的住宅来说，从表面积很大的木地板、壁纸和墙纸用的粘合剂里散发出来的气体量很多。可是不仅如此，家具和开放式煤油炉也会产生甲醛。

现在住宅的地板木材，使用复合式地板材料占大多数，它是在合成板上面再贴一层非常薄的木纹材料。如果合成板使用尿素树脂系列的粘合剂的话，就会挥发出大量的甲醛。并且，温度每上升10℃，扩散量就增加二到三倍，因此如果采用了地板式暖气，而使用低劣的地板木材，地板受热后就要释放出毒气。耗费很多钱做的地板式暖气也白费了。地板在夏季时化学气体的扩散量也会增加。

从2003年3月20日开始，日本工业规格（JIS）产品开始使用五角星☆记号。日本农林规格（JAS）也采取了相同的方法，甲醛扩散少的地板木材和墙纸等开始用F☆☆☆☆的四星表示。不仅仅是地板木材，涂料，粘合剂，隔热材料等也开始使用F☆☆☆☆四星记号表示。对家具还没有制定标签制度，不过，有刺激性气味的家具扩散化学物质的可能性就高，应该尽量避免使用。

7. 建材的标签化

为了让建筑师和居民们能够选择化学物质扩散量少的建材，在丹麦，挪威，芬兰和德国等国家开始了建材标签化的系统。以丹麦为中心发展起来的室内气候标签化协会，从1993年开始致力于把建筑材料、施工材料、家具等标签化。根据标准试验方法和产品基准，各行业团体决定目标值，那些符合标准的产品允许贴标签。这不是规定产品的销售行为，而是给消费者们提供选择的基准。

短时间吸收甲醛后对人体的影响　　　　　表3

影响	甲醛浓度（ppm）	
	推定中央值	报告值
气味检测值	0.08	0.05~1
对眼睛产生刺激的为浓度值	0.4	0.008~2
引起喉咙炎症的浓度值	0.5	0.08~3
对鼻子，眼睛的刺激	3	2~3
流泪（可以忍耐30分钟）	5	4~5
强度的流泪（只能忍耐1小时）	15	10~21
导致生命的危险，浮肿，炎症，肺炎	31	31~50
死亡	104	50~104

图2　丹麦/挪威的建材标签　　图3　芬兰的建材标签　　图4　德国的建材标签

甲醛建材的表示　　　　　表4

等级	可否使用
F☆☆☆☆	在室内装修使用时没有限制
F☆☆☆	使用量限制在地板面积的两倍以内（根据通风情况数值有变动）
F☆☆	基本上不可使用

具体来说，用小型强巴（chamber）法测量建材等材料的化学物质扩散速度，以这个测定的数据为基础来推测房间的空气浓度。所谓强巴（chamber）法，就是把建材或涂料等放入小型的容器中，来测量化学物质扩散速度的方法。在丹麦，把建材放在建筑基准法批准的最小居室内，以此来检测化学物质在室内空气中的浓度达到允许值以下需要多少时间。图2是室内气候标签化协会的建材标签。有这些标签的产品表示它们的化学物质扩散量很少。这种做法1995年在丹麦得到认可，从1998年4月起挪威也开始采用这种方法。

另一方面，在芬兰采用了更单纯的方法，即按照建材的化学物质扩散速度来分等级。即尽量使用最单纯的方法把建材等级化。比如，拿地毯来说，把化学物质的扩散量分成M1、M2、M3三等。图3是芬兰的建材标签（M1）、图4是德国的GEV（EC1）标签。

日本的建材表示制度，现在只有日本工业规格、日本农林规格对甲醛的规定，并因此决定了产品的等级（表4）。同时，对于其他化学物质的规定也正在探讨中。

住宅需要呼吸

1. 通风的重要性

人体安静的时候呼吸一次所吸入的空气量为0.5升。如果一分钟呼吸20次的话，一天吸入约15000到20000升的空气。6叠[①]房间的容积约25000升，比人体一天的呼吸量大一些，不通风好像也没问题……可是，吸入的空气如果是污浊的空气，人们就会感到头痛或者心情不好。其实，一天内吸入的空气质量比一日三餐还要重要。

---

① 和室的面积单位为叠，即一张榻榻米的面积，榻榻米的尺寸因为地域和历史阶段的不同有微妙的差别，现在的标准尺寸是0.9m×1.8m——译者注

"致病屋"（Sick house）的问题

保持自己周围的空气以及室内空气新鲜的办法是通风。自古以来日本的住宅缝隙比较多。不用特别采取通风措施，外边的空气自然而然就进来了。但是，由于现代住宅的气密性，自然换气的能力变得越来越少。最近的高级公寓，如果关上窗，再关掉通风装置的话，每小时的通风量甚至在 0.1 次/h 以下。也就是说，10h 之后才能够达到住宅空气更换一次的程度。如果居住者不注意通风的话，就会导致健康出问题。

表示住宅的密闭程度，有一个叫"相当间隙面积"的单位。冬季寒冷的北海道在积极提高住宅的气密性，间隙只有 $1 \sim 3 cm^2/m^2$。这个单位表示的是根据地板面积来换算有多少间隙，即开孔的面积单位。如果按气密性为 $5 cm^2/m^2$、地板面积为 $150 m^2$ 来换算的话，住宅有 $750 cm^2$ 的孔。$750 cm^2$ 的孔，大约是 $27 cm \times 27 cm$ 大小。把全家的全部间隙加起来也只有这么小。1999 年宣布的下一代节能住宅的标准里，关东地区间隙面积在 $5 cm^2/m^2$ 以下的被称为"气密型住宅"。

住宅里空气的进出，大概可以分成通风和漏气两种。所谓通风是根据居住者的愿望更换的室内空气。与此相反，所谓漏气是指居住者不希望发生的室内外空气交换的通风现象。同时，通风有机械通风和自然通风两种。

那么，为了生活里必要的清洁空气，照旧建造空隙很多的住宅就行了吗？空隙很多的住宅与其说是通风好，不如解释为漏气多。提高密闭性，可以使冷暖空调效率提高，舒适性也提高。为了不再忍受以往四处漏风的寒冷，密闭性是必要的。

在住宅密闭化普及的今天，即使是冬天，每天最低也要在 2h 之内让房间通一次风，即通风次数达到 0.5 次/h 是必要的。在这次的建筑基准法修改案中，24h 通风被义务化了。考虑到夏季炎热的情况，现在的住宅必须使用机械通风。可是，煞费苦心设置了的通风系统如果不能很好地利用也就没有意义了。所以居住者一定要从住宅公司或者工务店（施工公司）那里好好地打听正确用法，以便能够很好地使用机械通风设施。

2. 诚实的住宅

诚实的建筑，诚实的住宅这个词，是我在丹麦时，从丹麦工科大学的朋友那里听到的。从那以后，我非常喜欢这个词，常常使用。我和那位朋友乘他的车一起出去的时候，恰巧路过他女儿夫妇住的公寓。这个公寓是在第二次世界大战时建造的。因为战时物资缺乏，当然不可能建得豪华，而是使用木材、砖块、铁等"诚实的"材料建成的。目前，既使是在为了舒适且健康的室内环境进行着先驱性探索的丹麦，最近也有很多住宅使用一些新兴合成材料来建造，这些新材料的某一特定的性能很高，但是它们的全部性能并没有被完全搞清楚。另外，在看不见的部分也许使用了成分不明的材料。我的朋友指着二战时期的集合住宅说了"honesty construction"（诚实的结构）。这个词一直留在我的脑海中。

我认为今后的住宅应该是重视建筑素材的时代。除了建筑材料的质感、颜色、耐久性等性能之外，健康性和对地球环境负荷的影响也要变为评价尺度。在医学领域有关化学物质对人体影响的研究也在持续进行着，不过，关于过敏反应，特异性过敏反应，化学物质过敏症等还有许多不明之处。现在的研究水平还只是停留在知道有这种症状的程度。在确认这些危险性之前，毫不怀疑地继续使用新建材绝对不能说是上策。

现在，在我们的生活中使用着的化学物质当然不只是甲醛，光是住宅建筑上使用的化学物质就有数千种。在日本关于甲醛的话题沸沸扬扬，在欧美，尿素系列的隔热材料和移动住宅里的甲醛曾是问题的核心，到了20世纪80年代初为止，欧美针对甲醛的法律规定基本结束了。像日本这样夏天高温潮湿的地区，为了防治白蚁使用有机磷系列的家庭用农药等是十分可怕的。新建筑基准法已经禁止使用"毒死蜱"。和食品一样，使用"诚实的材料"的想法在建筑上也是必要的。

3. 信息公开和自由选择

甲醛，VOC 等化学物质不只在建材里，也存在于家具和生活用品之中，根据美国的研究，一般认为住宅过了新建期以后，室内环境问题一半以上的原因来自生活本身。为了能选择诚实的材料，给公众提供有关材料的真实的信息是必要的。在加拿大等国有向建筑师提供建材资料的机关。设计者只要查阅那些资料做恰当的选择就行了。日本也建立了关于化学气体扩散量的资料库。选择诚实的建材成本说不定会上升一些，但是设计者应该事前向客户说明情况，并有责任明确地提示相关信息。

实际上，工业化住宅也有因为施工方法的不同而导致室内化学物质浓度不同。近几年，集中到消费者中心的关于住宅的意见很多是关于室内空气的质量问题。还有一个问题是，在日本质量良好的住宅不一定能得到好的评价。因为土地成为一切的一切，建筑物变成土地的附属品。银行不承认旧住宅的残存价值①。有时候，要拆毁建筑，建筑物的价值反而变成负值。我认为进行恰当的住宅评审，建立优良住宅评价及评估系统是必要的。

4. 建筑物的外皮

在日本为了控制民用能源消费量的增大，普及了住宅的高密闭、

---

① 日本的银行在提供住宅贷款时，大部分的情况下以新建住宅为担保。并且，对新建住宅的价值，银行以"原价递减"方式来确定，即住宅竣工时价值最高，建成35年以后"原价递减"为零——译者注

高隔热的性能。可是，如前所述，对化学物质过敏症和密闭性住宅，许多人表示了极度的厌恶，因此人们对高气密住宅抱有强烈地批判态度。高气密、高隔热住宅本来是从北欧和北美那些寒冷气候的地域发展起来的，在与欧洲气候相似的北海道得到了极大的普及。可是，在日本对高气密化住宅的必要条件即通风没能充分地加以考虑。当人们搬迁到新建住宅或大楼时，感到喉咙干、觉得干燥的时候，可以怀疑这是化学物质在作怪。

另一方面，高气密、高隔热住宅的优点表现为暖气的效率高，特别是，住宅的隔热性能可以使温度在室内空间中分布均匀，地板的温度也不会下降。如果不做隔热处理的话，设置了再贵的供暖设备，也不能实现舒适和节能的目的。住宅的性能和供暖设备齐备了，才能获得舒适性。

在报纸上的住宅广告中，最近常看到 Q 值这个词。正是这个 Q 值（热损失系数），是表示住宅热损失难易的尺度。Q 值越小热损失越少。顺便说一下，在北海道按标准建造的 35 坪即约 115.5 平方米的高隔热住宅所需要的暖气性能与 2000CC 的轿车的暖气性能大体相同。住宅的面积远远大于轿车，因此可以想象它们的隔热效果非同小可。

可是，高隔热住宅对冷气能源削减效果很小。夏天用竹帘子、挑檐等遮蔽日照的方法是有效的。帘子设在窗外非常有效。如果挂在窗子内侧，帘子吸收的日照热能会进入室内。如果在空调强行地排除暑热之前，设法在建筑设计的阶段下功夫的话，就能建成舒适且不浪费能源的住宅。

5. 呼吸的家

下面我要讲"呼吸的家"和"呼吸的建筑"的概念。最近，欧洲喜好使用这个用语。我认为用衣服能很好地说明这个词的意思。用

"发热人体模特（THERMAL MANNEQUIN）"，即像人体一样发热的测量器来调查东南亚闷热地区的民族服装，在没风的情况下，它们的凉爽程度和穿着衬衫的状态没有什么两样，可是有风的时候，比穿衬衫要凉快的多得多。通风性能好的布料和领子、袖子可以把湿气排走。同时，在进行人体研究的时候，发现了皮肤的有趣功能。干燥的时候皮肤变干。因为人体的大部分是水，如果皮肤不变干燥的话，人体的水分就会持续不断被外界吸收掉了。水果也一样。这是皮肤或者水果皮把自身变干燥，不让水分释放到外界，以此防止内部水分干燥的聪明办法。在食物上蒙上保鲜膜的方法也是同样的道理。可是皮肤是自然地拥有这个功能。希望住宅也能有这样的呼吸构造。有时候，即使是高气密、高隔热住宅在必要的时候能打开窗子才好。能吸附有害物质的炭也是一种呼吸构造。通过缘侧（日本住宅的檐廊）和房檐出挑等建筑处理得到空间上的呼吸领域。在庭园里种植落叶树也同样有助于住宅的呼吸。"呼吸"这个想法很重要。

在环境领域进行工学研究难度较大。这个领域的研究方式是让人进入人工控制的房间里，即所谓的"人工气候室"中，调节某一单数或者复数的环境因子来进行实验。也就是说，这种实验不给在屋里被实验的人调节室温的权利。这样的实验结果，和实际居住环境里的人的感觉会产生差异。在实验里，人被考虑成被动的、自己不会主动行动的静态因素。可是，人们如果热了就会脱衣服，即使没有冷气，也会主动采取其他的乘凉行为。选择的自由度能够提高居住者的满足度。的确是这样，用大型屏幕看无聊的电影，不如自己手拿遥控器看自己可以挑选节目的14寸电视。看电视时，电视遥控器不在身边就不放心。进入很热或者有味道的房间，不能开窗就会很焦躁，这些都是人们的心理表现。因此，不仅是在工学的范围，在广泛的领域中来考虑建筑是重要的。

以往曾经使用的测量住宅温热环境方法，要在现代应用，应该考虑到两点变化。其一是住宅周围环境的恶化，其二是住宅里家电产品增加的现实。试想一下夏季的通风环境，由于城市热岛效应，户外空气温度变高，室内又有家电产品在散发热量。想用通风的方法达到消暑的效果的话，室外空气的温度最高值必须在30℃以下。利用微妙的平衡来利用自然能源的传统手法，不做任何调整的话，就无法适用于现代住宅。因为环境已经变成你想选择也没法选择的状态。

6. 能源消费量和生活方式

简单地说日本的能源结构为产业能源约占一半，运输能源约占四分之一，民用约占四分之一。并且，住宅使用量占民用能源的一半。也就是说，日本能源使用量的八分之一是住宅消耗的。产业能源也随着"重厚长大产业"①向海外迁移而减少。与此相反，住宅使用的能源消费量在泡沫经济崩溃后也以相当的势头增长着。实际上，人们在担心到了2010年住宅使用能源也许会上升到1/6。这个问题在京都召开的地球温暖化会议（COP3）上也被提及。能源消费的结果促使二氧化碳的排出量增加。对住宅使用的能源，很难像办公大楼或对产业界那样做出规定。这是因为住宅里的生活属于各个家庭的自由，所以很难对人们的生活方式做出规定。同时，发展显著的亚洲各国的能源消费量也随着GDP的增长而剧增。

根据家庭构成调查的家庭能源消费量的结果很有趣。电费和煤气费与家庭的年收入有很大的关系。从通产省调查的关东地区114户独立式住宅的资料来看，规模大体上相同、同一年竣工的住宅，一年中能源消费量最大的竟是最小消费量的六倍。也就是说提供同样的硬

---

① 近来日语里的新词汇。"重厚长大产业"指钢铁、造船、汽车制造等消费大量原材料，并且需要大规模土地的产业。狭义地指制造业。与此相对的是"轻薄短小产业"，指利用计算机等新技术进行革新了的、产品小型化了的，进行小规模的投资能生产出极大附加价值的产业——译者注

"致病屋"（Sick house）的问题

件，也会因居住家庭的不同能源消费量也产生极大的差异。在某种意义上，建筑向地球排毒（二氧化碳），这个问题超出了住宅性能本身的问题，和居住者的生活方式也大有关系。舒适性和便利性，一经体验就变成了毒品。办公室开空调的话，电车里、住宅里等等，所有的地方不开空调就会忍受不了。

7. 环境设计的手法

我是建筑环境学者，这个专业还不能象结构或者设计理论专业那样，对规划和设计提出直接性的理论指导。今后环境研究的结果要直接地运用在建设中还需一段时间的努力。可是，相对于研究上运用的理想条件下的分析手法而言，与在实际使用的建筑里具体且快捷地找到解决方法的要求之间还有很大差距。比如计算建筑的冷气和暖气所需的热量，只要气象资料到手了，就能比较简单地算出来，可是，如果建筑物使用了自然通风的方法的话，大部分只能等到建筑物竣工之后再测量才能得到数据。

目前，对人们认为质量好的建筑进行测量，积累有效的环境设计手法是必要的。研究是分析性的工作，设计是综合性的工作。如同分析葡萄酒，搞清楚它的成分，但是这个分析结果不会变成酿造好葡萄酒的秘方。

在医学临床领域里，对1万人里有一例的疾病提出报告，这个成果就会被承认，并会使另1万人里的一个人得救。我想环境设计的有效概率在这个数据的中间。由于受到气候和各地的自然条件、地域性材料以及居住者的左右，设计手法不可能是通用的，一个设计手法不会在所有的地方通用。相反，如果对处理方法不进行类型化总结的话，就没有做学问的意义。建筑师克里斯托弗·亚力山大的模式语言的想法具有环境设计的因素在里面，不正是他把现象类型化了吗？另外，住宅建筑师应该积极把自己变成住宅医生。只有对细小的、个别的部分都能作出恰当的处理，才可能期待他们给居住者提供诚实的设计。

住宅中人是主角

住宅建筑师的作用，实际上逐渐地在变大。在日本建筑界，办公室等建筑物的质量已经得到了很大的提高，总算迎来了关注住宅的时代。另一方面，高龄化社会就要到来。住宅不能变成散发毒气的物体。人们在寻求长寿不老之药的同时，等待着设计品质优良的"诚实的住宅"的出台。不只是住宅硬件，我希望看到人们快乐地生活在住宅里面的生活景象。

田边新一/早稻田大学教授·建筑环境学者

第3课 晚自习

● 侦探建筑

特聘建筑师[①]之谜

藤森照信

---

① 指明治时国家从国外高薪特别聘请来的专家，由他们引进新技术、新体制。在各种领域里都有这类的专家——译者注

历史学家要做的事，就是把人们忘记了的事实挖掘出来，或者把隐藏在幕后的秘密公诸于世，发掘这些事实，并且思考为什么会是这样的缘由，一句话，历史学家的工作就是"寻找"，一个和侦探差不多的职业。

说到寻找，如果是人们已经知道的事，就没有寻找的意义了；反过来，谁都不想知道的事，就更没有必要去寻寻觅觅。以这样的标准来确定寻找的对象的话，像我这样的日本近代建筑史专业的人就感到很为难。为什么这么说，因为日本近代建筑的历史断代是从幕府末期、明治初期日本跟西洋相遇时才开始，到第二次世界大战结束为止，这段历史，时间不足100年，时短日浅，被忘记的事也不会堆积如山。和近代以前的日本建筑积攒了数千年的谜团相比，人们认为近代的事差不多谁都明白，有这样的想法也是理所当然的。

的确，和至今为止的时代相比，需要侦探的事可以说不是很多，不过，如果稍微改变一下看问题的角度，事情就会为之一变。日本建筑在与欧亚大陆隔海相望的孤岛中成长起来，只有在近代之时，它第一次与完全不同的成长方式之下形成的西洋建筑迎面相撞了。要查找类似这样的正面相遇的先例的话，只有在飞鸟时代中国大陆佛教建筑传入的一例而已。那时，对方是中国，这次是欧洲，正确地说是欧洲和美国，如果更进一步来讲，对手是世界和地球。和1500年前的遭遇相比，这次与其说是日本的力量比对手多有不足，不如说对方的力量过于强大，输得体无完肤也是理所当然。

在这样的情况下，日本近代建筑史开始了，在不足一百年的历史中，很想知道却不明真相的各种各样的谜团里，如果把命题确定为人物，那么到底谁是最神秘的建筑师呢？

候选人没有别的可能，只有一个人，那就是沃特斯。英文名字写成 Thomas James Waters，读成托马斯·詹姆士·沃特斯，不知为何，建筑界从幕府末期时就叫他沃特斯或者是"瓦库图卢斯"等等，据说后者是荷兰式的发音。

沃特斯如果只是稍有成就的人物，或者只是建筑师的话，也许就默默无闻了，可是，在幕府至明治初期，他完成了萨摩藩纺织所①（1891年），大坂造币寮②（1891年），竹桥阵营（1891年），银座砖街（1893~1897年）等大型建筑及大城市的规划，是揭开了日本近代建筑史之幕的超级人物。设计了鹿鸣馆的英国建筑师康德尔作为日本近代建筑之父经常被人们所提起，沃特斯可以说是康德尔的父辈，是日本近代建筑的祖父，一句话，日本近代建筑史可以说是从沃特斯到康德尔再到辰野金吾这样一个发展过程。

那么，在三十年前我开始研究日本近代建筑的时候，关于沃特斯有何种程度的了解呢？菊地重郎、村松贞次郎，林野全孝等我的老师辈的学者们，把沃特斯在日本做的工程名单和工作内容梗概大体搞清楚了。然而，关于他的生平却没有一个人知道。据说是英国人，可是，他什么时候、在哪儿出生的？幕府末期来日本之前做了些什么？1893年银座砖街规划完成后他离开了日本，据说是去了上海，那以后到底怎样了？总之，完全不知道他来日本之前和离开之后的事情。连一张可以看到面孔的照片也没有留下，就像流星一样，从日本列岛突然消失了。

这三十年来，对这位神秘的大人物在海外的足迹以及他的一生，日本的学者怎样去寻找线索，怎么才查清了他的身世，是我在后篇要叙述的内容，在此首先从我和沃特斯的"相遇"谈起。

上了硕士以后，我选了日本近代建筑史的研究题目，马上开始着手沃特斯的研究。指导教授村松贞次郎先生也做着同样的研究，我的选题或许是受到了导师的影响。可是，当时并不是真正地要研究他，只是这个充满了神秘色彩的人物勾起了我想去探索

---

① 萨摩藩即今鹿儿岛，在此出现了众多的推进明治维新的政治家——译者注
② 即今在大阪的造币局前身——译者注

的好奇心。1974，在我研究生第三年即博士一年级的时候，我遭遇了沃特斯。

那年的日本建筑学会大会在九州召开，我和比我低两年的硕士一年级的堀勇良约定，在大会结束后，去采访遗留在旧萨摩藩地方的有关沃特斯的事迹。

首先，考察了位于鹿儿岛旧纺织所的附属设施"异人馆"，之后，乘飞机到奄美大岛。沃特斯不仅在鹿儿岛指挥建造了纺织所，前辈研究者们已经搞清楚他还在奄美大岛建设了西式糖厂，关于纺织所前人已经作了详细的调查，可是对奄美的工程谁都没进行过实地调查。当侦探就要做到"百顾现场"，但是当时的日本近代建筑史研究方法还没有确立实地调研的习惯。

我和堀（我的研究生搭档），只是听说奄美好像还有工厂遗迹，仅凭这点儿线索就动身了，我们没有期待会有什么重大发现。黄昏时乘飞机来到奄美，住到市内的旅馆。第二天早晨最先去了奄美图书馆，请图书馆的人介绍了当地的乡土史学家，接着去他家访问。

也许因为我们两个人是第一批来问关于西式制糖工厂建筑物的人，所以乡土史学家很认真地给我们介绍了详细情况。首先，岛内有五处相关遗迹。一个是有沃特斯住宅的兰馆山。其余四处是工厂遗址。兰馆山就在附近。四个工厂遗迹中，有一处交通非常不便，从陆地没法过去，不雇船不能去，其他几处乘车就能到。

关于工厂建筑物的记录有一份档案保存了下来，不过，这不是建造时写的，而是建成数年后，工厂因台风的袭击，建筑遭到破坏，营业中止，这才创建了档案记录。

持有这份档案记录的人住在很远的地方，而乡土杂志登载了这份资料，当地人把杂志拿给我们看。我们读了记录后感到震惊。因为工厂是幕府末期在奄美大岛这个孤岛上建造的，所以，我想可能是个木结构，而且想象它是非常简陋的工厂建筑，没想到杂志上写着结构是石结构和砖结构，规模也很大。从红砖烟筒的大小来看，也可以肯定它是很完备的工厂。我来之前想象过，在工厂里，老牛一圈又一圈地转磨盘，榨出甘蔗汁再用大锅煮干汁液。没想到工厂相当地现代化，榨甘蔗的动力是蒸汽机，用很正宗的工业用坩埚煮干汁液，再把白糖制成精糖。在这以前，日本只能生产红糖，自这个工厂落成后，才开始了大量生产白糖的历史。

我的南方岛屿的牧歌式糖厂的想象是错的，它是使用了英国工业革命以来的蒸汽机作原动力的现代化工厂。

听完一番介绍后，我们由乡土史学家带领去了兰馆山。刚一出家门，史学家就用手指着自家外廊的地板下面让我们看。支撑廊子的基石使用了奇怪的白色的东西。据说是从工厂遗址中拿来的耐火砖，砖的质量极好。看了这些砖，就可以肯定它是记录里所写的近代化工厂的形象。我们感到很兴奋。

去兰馆山。走到了人家尽头的时候，看到了潺潺流过的小河，河上架着小小的混凝土桥，上面写着"兰馆桥"。过了桥，走了一段上坡路，奄美的市区和海面就尽收眼底。走到山冈上，有一块儿小小的平地，据说沃特斯的住宅就曾经建造在那里，不过，这里就连基石都没留下一块，房基已经变成了杂草丛。

"为什么叫兰馆呢？"

"因为是荷兰人呢。"

"什么？沃特斯不是英国人吗？"

"…………"

和乡土史学家讲了诸如此类的对话，一边眺望着海面，一边听他讲本地流传着的沃特斯的传说。

据说沃特斯带了一个日本人和一个中国人来到岛上。日本人是翻译，乡土史学家并不知道日本人是谁，根据萨摩藩的记录，那个人就是萨摩藩的英语学者上野景范。他在明治维新后担任了第一届横滨海关长官，在明治史上留下了英名。中国人是厨师。

沃特斯一行上陆后，第一件要做的事，当然就是寻找适宜建设工厂的基地，以及在兰馆山建造住宅这些房地产方面的事，在这之前或之后，沃特斯在岛上公开招聘在当地的"临时"妻子。当时，岛上极其贫困，处于各种不同困境的许多女子应征，沃特斯选了性格好、年轻貌美的"马秀MASHYU"。

马秀当然得到了很多的报酬，她也尽心地照顾了沃特斯，等沃特斯结束工作离开岛屿时，她在兰馆的山岗上，一边哭一边挥动袖子，直到海上的船影消失。马秀的这个悲哀的送别情景，被编成了歌曲，在当地的盂兰盆节舞蹈时唱这首歌，据说直到近几年还被人们传唱着。关于沃特斯的记忆，鹿儿岛也好，大阪也好，东京也好，都已经被人们忘记了，然而，却在南海的孤岛中长久地流传下来。

因为我们来到岛上的原因，荷兰人沃特斯变成了英国人，不过，并不能因此把兰馆山改叫"英馆山"。下了兰馆山，吃过午饭，只有我们两个人去了位于东南方向的海滨附近的工厂遗址。沃特斯的时代，去工厂不是走海路，就是走窄窄的山道，可以推测天气好的时候，沃特斯从海路到工厂，天气坏的时候，坐人力轿子过去。海岛上据说连一匹充当脚力的马都没有。

现在虽然修了公路，但是公共汽车一天只有两趟，此外，只有出租车了。最后我们决定用岛上到处都有的小型轿车代替出租车出发。越过了相当陡峭的山岭，轿车还在山里的时候，看见路面上被车轧死，白肚朝天的蛇，是毒蛇。据说毒蛇经常在这一带活动，偶然会爬到道路上来。

在过去，沃特斯离开英国，飘过印度洋，游历东南亚后，来到中国，来到长崎，再从鹿儿岛乘船，并且他乘坐的是用榈当桨的日本老式木船，登上奄美岛，之后乘着轿子越过了险峻的山巅之道，以及毒蛇出没的奄美寒村。看着滚在路面上的毒蛇的尾巴，让我感受到了沃特斯不远万里的艰辛旅程，这时一个新概念在我的脑海里突然冒出来。

"冒险技术者"

在动荡时期，给中国和日本兜售武器的欧美贸易商人，往坏了说叫"死亡商人"，往好了说叫"冒险商人"。明治维新时期，冒险商人的代表人物毫无疑问首推长崎的格拉巴（grabar）。沃特斯有一段时间在格拉巴商行手下工作，或是说他们合作过，因为有这样的预备知识，所以"冒险技术者"这个新概念就在我的脑海中浮现出来。

在摇晃的轿车中，我把这个词汇和新概念解释给堀君，他赞同了我的说法。就这样，能够正确地描述沃特斯这类建筑师、建筑技术者性格的决定性概念"冒险技术者"这五个字诞生了。

下了山，就到了海滨附近的村子。大约有十到二十几户人家。并且，丝毫看不到人影。为了打听工厂遗址，我们到村民的家门口去问，可是没有人回答。没办法，只好不断地继续去打听，这时，大白天里关着防雨木板窗的一所房子里传来女人们的声音。男人和年轻人都去奄美城里去上班了，只留下一些上了年纪的妇女们聚在一起，正纺织着岛上特有的织锦。

人群里一位妇女说工厂的遗迹就在自己家地里，领我们去看现场。菜地里有一块大约7.4平方米的土壤是黑色的，证明了这是扔榨糖汁废液的地方，在它的周围应该有工厂的遗址，可是，现在连一段石头墙也没有留下。后来，走在村子里，明白了现在没有留下任何遗迹的理由。各户人家门前的踏脚石都是白色的耐火砖，红砖用在锅台上，石块砖砌在院墙上。

石料不是本岛的东西，而是鹿儿岛生产的。耐火砖上刻着英文记号，可能是英国、香港或者上海来的东西。很有意思的是红砖，使用了旧型的模子，砖面上雕刻有本地特色的图案。并且，砖的大小不一，形状各异，烧的火候也不够，只能说质量很差。可以推断，这可能是使用岛上的砖窑烧制的。因为当时不管是长崎还是鹿儿岛，已经使用着质量良好的砖。

28年前的奄美大岛之行,让我遭遇了沃特斯这个人物。可是,在那以后,对他的研究并不能说一发而不可收拾地开展下去。要想知道他从哪里来,又消失到哪里去的谜团,关键信息只有一个,就是当时在上海出版的目录集里,登记着沃特斯的名字。可是,当时日本和中国之间才刚刚建立外交关系,还不能去中国做调查。

就在这个时候,机会来了。堀君研究生毕业以后,去横滨开港资料馆工作。因为横滨和上海是友好城市的关系,向上海派遣了研究调查团(团长为神户异人馆的坂本胜比古先生),我和崛君两个人也被选进去。老实说,计划本身就是堀君为了创造去上海调研的机会而立案,并且得到了实现。

到了上海,呆了好几天,可是我们想去查资料的图书馆和资料馆都不接待我们。当时,虽然中日恢复了外交关系,但是,如果没有中国方面的邀请就不能入境,又加上文化大革命刚刚结束,接待外国人的体系还不健全。没办法,午休时分,跑到原上海赛马场的图书馆里,给满脸困惑的图书馆员看了我们的护照,恳求图书馆员给我们看一下旧租界时代的外文书索引卡片。我们查了作者名和书目名为W的项目。在仅有的十几分钟的时间里,两个人瞪着双眼,追逐着拉丁字母,还是没有找到。第二天的午休,按照英文目录集里记载的地址,我们去了沃特斯土木·建筑事务所原址。我们侥幸地想,也许与长崎一样,在那里一百年前的西洋式建筑会留下来,结果那个地段在沃特斯之后经历了多次重建,附近几乎全是进入20世纪以后新建的五六层楼房。

第一次上海之行,让我们体会到了调查沃特斯的难度。

以后,堀君在开港资料馆,坚持不懈且深入细致地继续追踪上海方面的资料,在上海出版的外国人报纸中,终于找到了一丝线索。和大多数的冒险技术者或矿山工程师常见的贫困而死的结局相反,离开日本以后,沃特斯在上海相当活跃,屡屡登场。比如说,他担任了上海的路灯规划，并使之完成。

通过堀勇良默默无闻且顽强持续的调查，查明了沃特斯的一系列的事迹，最后，又查到他在新西兰和美国的行踪。沃特斯家族，除了在建筑史上留下鼎鼎大名的托马斯·詹姆士以外，还有两个弟弟在日本工作过。大弟弟约翰·阿鲁巴特在哥哥手下当建筑技师，小弟弟约瑟夫·亨利·阿内斯特作为矿山工程师，在明治矿山开发史上，虽不如建筑史上的长兄，也留下了不小的名声。还有，矿山工程师约瑟夫和建筑师托马斯以及阿鲁巴特这3个人原来是亲兄弟，这件事也是堀君在上海外国人报纸上查出来的。知道了他们的关系之后，我们就合称他们是"沃特斯三兄弟"。

在上海的报纸上，关于"沃特斯三兄弟"最后的消息说他们来往于新西兰的矿山和美国的科罗拉多银矿之间，之后他们兄弟们的名字就突然消失了。

在搞清楚了以上内容的阶段，一九九三年我在写《日本的近代建筑》（岩波书店）时，这样写到：

"以1886年为界限，在上海再也看不到有关沃特斯的消息了，不过，我们知道，那时，最小的弟弟约瑟夫到了美国的科罗拉多银矿搞矿山开发，恐怕他们是在那里会合，并在那里去世了吧。他没有辜负冒险技术者之名，走遍了地球的四分之三周之后，在矿山工程师的人群里结束了一生"，以上的内容，在两年后的修订版中，我改写成：

"在上海的不见踪影之后，沃特斯在美国出现了。小弟弟约瑟夫投身到美国的科罗拉多银矿开发热潮中，他们在那里会合。三人结成沃特斯兄弟公司，因开发银矿而获得一大批财产，在丹佛逝世"。修订的关键是把"在矿山工程师的人群里结束了一生"改成了"因开发银矿而获得一大批财产，在丹佛逝世"。沃特斯的崇拜者们可能暗暗地期待他如矿山工程师那样高洁且贫苦地死去，然而，他"辜负"了爱好者的期待，竟然拥有一座山，在幸福之中结束了一生。

这个重要修改得益于银座史研究家三枝进先生的研究成果。三枝氏是银座历史悠久的洋货店老板,他的本行是经营,可是他很喜欢银座的历史,由于这个缘分,我们认识了,并一起合作,做了抢救性发掘银座砖街遗迹的工作。关于沃特斯,可以说只有两拨儿人在做持续深入的研究,一组是我的学术知己,再有就是三枝先生。三枝首先搞清楚了沃特斯在英国和美国的情况。

在英国和美国,有一种职业叫"家史调查员",为了调查自己祖先的经历而发展起来,他们可以称得上是专业性历史侦探。三枝借助这些专业人士的力量,委托他们帮忙收集文献以及进行调查,首先,让他们调查了沃特斯的成长经历。这样,查明了沃特斯是在爱尔兰现在叫 Birr 的城市里很有势力的人家出生,父母和兄弟们的名字和年龄也搞清楚了。当时,爱尔兰很穷,又受到英格兰的歧视,很多有志气的年轻人们为了寻求自己可以施展才华的天地,走向世界,沃特斯三兄弟的事迹也不例外。

在三枝的调查之后,堀勇良把调查范围扩展到科罗拉多,在这里也委托了"家史调查员",对三兄弟一起创立的公司和他们的墓地作了彻底的调查。关于沃特斯的出身和离开上海去美国后的情况,通过三枝的调查终于解开了谜团。

三兄弟在科罗拉多的事迹,也是我们注目并打算调查的内容,被三枝抢在了前头,稍感懊悔,不过,因此可以了解三枝对银座历史所付出的热情有多深,他能搞出这样的成果是理所当然的。三枝访问了沃特斯公司所在地的丹佛市,并去沃特斯墓地扫了墓,但是,他没有去科罗拉多的矿山,在丹佛也没有做建筑调查。

这样,2001 年的秋天,在纽约开完国际会议后,我带着我指导的正在研究西班牙风格建筑史的博士生丸山雅子,倒不如说,实际上是让她先做了预备调查,我们一起去了丹佛以及矿山城镇特鲁莱德(Telluride)① 去做实地调查。在最后这一段儿,让我来介绍一下这次

---

① 位于科罗拉多州圣米格尔县——译者注

调研的成果。

我们从洛杉矶飞越落基山脉到了丹佛。丹佛是座落在非常干燥的沙漠中的城市，但是在城市里有很多绿地。人们都说从新英格兰开始的西部开拓史到了丹佛就结束了，我同意这种说法。因为再往前走，就剩下落基山脉了。落基山脉的对面是太平洋，不过这里的沿海地区与季风地带的日本不同，少雨且不适合发展农业。

继加利福尼亚州的淘金热之后，在落基山中间的山丘地带的科罗拉多州，也兴起了淘银热，对这个史实我早就知道。可是，因为科罗拉多的河水流向太平洋，所以我一直以为淘银矿的人都是从太平洋那边儿过来的。没想到淘银热潮的据点城市是坐落在对面的科罗拉多州的首府丹佛，大群的矿山工程师都从丹佛出发，翻越落基山的脊背，到对面的山腹深处去开采矿银。

这样，新兴开发的银矿山城之一就是特鲁莱德，在那里有沃特斯三兄弟的矿山。我们这次关于沃特斯的侦探之旅的地点是丹佛和特鲁莱德。

首先谈一谈丹佛。具体地，我预先定了五个调查目的。①给沃特斯扫墓。②参观沃特斯三兄弟公司所在的协利旦办公楼。③参观在城里最老的街道中留下来的名为"沃特斯大楼"的建筑，调查大楼和沃特斯的关系。④到图书馆和档案馆做资料调查。⑤跟科罗拉多建筑史的权威人士诺艾路先生见面。让我们按着这个顺序看看成果。

①关于第一个目的，三枝已经来扫过墓了，他给我看过照片，因此，脑子里已经有了大致的印象，可是，当我亲眼看到墓地时，仍然情不自禁地万分感动。墓石有三个，埋葬着托马斯和约瑟夫，还有一位是姓沃特斯的女性（是他女儿或妻子），没有阿鲁巴特的墓。托马斯为了先逝的弟弟约瑟夫建造了很大的石头墓碑，上面雕刻了凯尔特（Celt）风格的十字架，在那里倾注了爱尔兰人的骄傲。

②协利旦楼是矗立在车站前最繁华地段上的大建筑，现在被指定为文物受到保护。因此可以想象沃特斯三兄弟在丹佛的势力之大。

有一百年前的遗风的特鲁莱德街景

稍有维多利亚形式的特鲁莱德车站

特聘建筑师之谜

在沃特斯墓前合掌祈祷的作者

③沃特斯大楼的建设时期与沃特斯三兄弟的活跃时期相吻合，但是，没有更多的证据。现在是餐馆。这个地段的建筑都设有骑楼，感觉到和沃特斯规划的银座砖街有共同之处……

④三枝请当地的"家史调查员"在图书馆和档案馆查过资料了，可是，我们从图书馆的矿山方面的旧书中发现了约瑟夫和阿鲁巴特的头像照片。这下，三兄弟的照片才齐全了。同时，发现了沃特斯三兄弟们来丹佛之前，着手开发了的矿山有"日本的小坂、高岛，中国的上海，新西兰的韦斯特波特四处"这样的记载。小坂（群马县的中小坂矿山）的事以前就知道。高岛（高岛煤矿）的矿山，以前我们只是推测是沃特斯开发的，这个资料成了确凿的证据。在上海也开过矿山，这是前所未闻的消息。在新西兰的矿山的具体位置，也在这次调研搞清楚了。

⑤访问诺艾路先生的家，才知道他的夫人是来自广岛的日本人。诺艾路先生没有调查过沃特斯的事。不过，他从地下书库的庞大的科罗拉多资料中，给我们查出了托马斯的住址。之后，我们访问了那个地址，房子还在。是19世纪末的维多利亚风格的木结构住宅，从设计的风格来看，我认为不是沃特斯本人设计的。除此之外，在科罗拉多（丹佛），沃特斯三兄弟只是被当作矿山工程师、矿山经营者记载。可是，在日本，托马斯和阿鲁巴特两人却只留下了建筑师、建筑工程师之名……

作为第一次的丹佛调查，可以说有了很大的收获。接着，我们去特鲁莱德。

三枝也没有去过特鲁莱德，我和丸山就成了首旅之人。离开丹佛，乘上小型飞机，越过落基山的脊梁到达了特鲁莱德机场，与其说是机场，不如说是悬崖上面的一块儿空地，让人担心。下了飞机，叫来出租车，乘女司机的车进到市里。市内的街景，就像是西部剧街道布景的放大版一样，扑面而来。淘银热结束后城市衰落了，据说有段儿时间几乎成了废城,不过,战后作为滑雪疗养地重新兴隆起来,现在相当繁荣。可是,我们来访的季节是旺季之前的秋天,游人很少。

首先调查的目标是特鲁莱德车站。根据诺艾路先生的研究成果得知,约瑟夫担任过铺设铁路的工程,所以约瑟夫亲自设计了车站的可能性很大。铁道现在已经被废弃,不过,铁路线也好,车站也好都被保存了下来。车站是木结构的板条墙体,涂着油漆,风格稍有维多利亚的味道。与托马斯在日本时代采用了稍显落伍之感的乔治亚风格的做法不同,这里向时代的流行走近了一步。

接下去的目标是乡土资料馆,很遗憾那天正好休息。

城市里鳞次栉比的建筑物,大多是沃特斯三兄弟活跃时期建造的,一想到100年前他们也走在同一条街道上,莫名的感动油然而生。在城市里绕了一圈以后,吃完午饭,走访了图书馆。我们要查询有关沃特斯三兄弟及其公司的书籍,结果没有。但是当时在这个城市有报纸发行,现在图书馆正在制作报纸的总目录,据说预计一两年后会完成。看来,检索沃特斯这一项可以看到很多报道的日子已经不远了。为什么这样说呢,因为沃特斯三兄弟给这个城市铺设了铁路,并且是这个矿山城市之所以成立的最重要的矿山经营者。我们翘首以待那一天的到来。

在城市中逛完了以后,我们向矿山走去。

贯穿着城市中心的大街的对面,正好是矿山的一角,在这里能看到落基山脉重重叠叠的山峰,正如在地图上我们已经确认了的那样,那里可不是轻易就能去的地方。山顶的海拔超过了四千米,开采银矿的地方就在山顶附近。城里的树木刚刚开始变红,而山顶已经落满了积雪。据说像模像样儿的道路都已经被埋住了。我们如果去银矿遗址的话,要等到明年夏天,在本地的登山家带领下才能去。即使是那样,据说也不很安全。

我们朝着大街尽头处像屏风一样耸立着的山脉,一直往前走。为什么非要去那儿呢，因为所谓的矿山，不只是开采矿井的那一块儿地方。矿山由开采——搬运——选矿——精炼的各级程序组成，这些都包括在一起才能称之为矿山，特鲁莱德的特征是在陡峭的高处采矿，可是，选矿和精炼都在山脚下的山谷里，在山谷的入口处发展起来的就是矿山城市特鲁莱德。从特鲁莱德城再向山谷走四公里左右，到了山谷的尽头，就有采矿工人们的住房和选矿精炼工厂。

决定徒步走到那里，可是，刚开始走，就感到身体不适。脚步跟不上自己的意识。猎物就在眼前，想跑却跑不动，感觉自己就像是原始人一样。或许，那个家伙又来了。以前我攀登富士山，在超过3000米的时候，以及去西藏的拉萨的时候也有过同样的感觉。想一想，特鲁莱德城的海拔高达3000米以上，机场是继拉萨之后的世界第二高机场。可见我的身体已经出现了轻度的高原反应。

朝向山谷深处，我们放慢了脚步，但是坚持走下去。山谷渐渐地变窄，道路也跟着变得更陡峭，左右开始出现废矿石的山堆和石垣，但是没有建筑物。石垣上面建造了的住宅和各种各样的工厂建筑，老早就被拆除了。

即使是这样，还是继续往里面走。从城里出来大约一小时后，走到了山谷的尽头，在这里看见了工厂。淘银热过后，矿山开采规模变小，还坚持了一段时间，直到最后停产，精炼场变成了废墟遗留下来。很遗憾，工厂遗址是沃特斯时代之后的东西，不过，在这儿能让人感受到矿山独有的粗犷气魄和实用性。从这个精炼工厂再往前走的话，陡峻的山坡上肯定能看见开采过的洞穴口。

太阳也偏西了，得赶紧回去，到了市内，与出租司机约定的时间还有一会儿，我们又在附近溜达，这时一辆出租车忽然停车，车窗里露出刚才的女司机的面孔，她让我们赶快上车。原来，我们预定的飞机，由于落基山脉的天气突变而停航，为了把我们送到更远的北机场，换乘另一个航班，她着急地提前来街里找我们。如果我们按照约定的时间回到城里的话，肯定坐不上飞机了。那么我们就得在旅店基本上都关了门的这个城市里找投宿的地方了。特鲁莱德小城不愧为冒险技术者转遍了地球的四分之三周之后选定的落脚点，它深藏着风云突变的冒险特性，即使在今天，这个特色也没有消逝。

从最初关注沃特斯的时间算起，已经过了三十年，由于沃特斯爱好者们齐心协力的努力，关于他的谜团已经得到了相当的解答。可是，谁还都没有去过新西兰的韦斯特波特的矿山，另外，他们三兄弟在哪里学会了结构、建筑、矿山、电气技术的经历还不清楚。

总之，大体上70％的内容已经搞清楚了（在这里顺便跟大家交待一下，在我写完这篇稿子的时候，丸山①要前往新西兰做调查。如果她的调查顺利的话，关于沃特斯的90％的谜都将会弄清楚）。

藤森照信/东京大学生产技术研究所教授·建筑史家·建筑师

---

① 详细请参考下文。Motoko Maruyama Nagata. Waters Brothers: Their Mining Business in the United States, Proceedings, Sixth International Mining History Congree, Akabira City, Japan: Office of the Sixth International Mining History Congree, 2003, pp. 26 - 29. ——译者注

● 向建筑舞剑

反思历史、从历史来反思

山岸常人

学建筑，不应该是为了当著名的建筑师，以及在我们居住的生活环境中，建造一些奇妙的建筑，受到众人的瞩目，自我感觉是艺术家为目标。学建筑是为了深入地思考我们每天生活在其中的环境应该具备怎样的姿态，为了达到那个目标，应该考虑什么，应该做什么，或者不得不做什么，培养类似这样的深入思索的能力，并且付诸于实践，这才正是学建筑应该有的最基本的、不可置疑的目的。笔者从自己的建筑史专业的角度，就思考能力，和为了培养思考能力应该要做什么，以及启发思考的机遇等三个方面来谈一谈若干见解。

诘问现代建筑

1. 建筑是艺术吗？

上大学，进了建筑专业的很多学生，都把当建筑师扬名，能实际建造自己设计的建筑物当成梦想。并且，他们好像都深信着某一天自己的设计方案会被实现，认为这个建筑物会被叫做艺术作品。不，不仅仅是学生，实际做着设计的建筑师们抱有这样的想法的人也不少。可是，真是这样吗？把建筑看成是艺术作品的人，不正是对建筑的社会性考虑不周的表现吗？

2. 建筑的社会性

让我们来举一个简单的例子，即客户委托建筑师为自己建造住宅。斟酌客户提出的要求，建筑师做出理想的设计，这样，无论要建造多么奇怪的住宅，都和周围环境不发生丝毫牵连。也就是说，作为艺术作品做到自我完结。但是，即使是个人所有的住宅，它对周围环境和地域社会的影响也不可能是零。它们会给路过这里的人带来快感或者不快之感，住宅也会对日照和自然环境带来一些影响。说不定，也会出现模仿这个住宅的建筑物。总之，即使是个人住宅，也不能与社会毫不相关地存在，反过来说，它们也有强烈的社会性。建筑物的规模变大了，或者它的功能具有公共性，比如说是事务所、商店等公共设施的话，社会性的重要度就会随之增大。使用这类建筑物的人数和方式也会增多，这个建筑物对周围环境的影响也就变大，客户和建筑师的个人意志并不能被无限制地通融下去。

如果是绘画和工艺品的话，大部分的场合下，作品放在封闭的空间中，只有有限的人来欣赏，它们只对有限的人和空间领域发挥影响力。这种情况下，只要那个作品的艺术性好就行，不需要考虑社会性。雕刻也一样，但是，有时由于雕刻放在城市空间或建筑空间中，所以也会因之产生强烈的社会性。即使是绘画，如果在作品中倾注了主义和主张，也会给社会带来强烈地影响，或者会引发某种思潮或者社会运动。这类社会性很强的作品也并不少见。比如说，毕加索的"格尔尼卡 Guernika"那样……可是，建筑与这类作品有很大差异，即建筑的社会性更大。即使断言建筑物对社会性考虑的多少决定着这个建筑的价值也不为过。也就是说，无论其造型在艺术领域中有多么出色，如果它是不考虑对社会能产生何种意义的非社会性建筑物，就不应该容许它存在下去。

以上的观点，并不等于说社会性强的建筑就不是艺术。人类创造出来的所有的东西都具有艺术的因素存在。曾经不当做美术作品的民间日常生活用具，在大正年间（1911~1924年），由于柳宗悦[①]肯定

[①] 生平1889~1961年。东京人，东京帝国大学（今东京大学）宗教哲学毕业。思想家、美术评论家，提出"用之美"的概念，被称为日本民间艺术运动之父。他对朝鲜青瓷的研究和保护也作出了贡献——译者注

了其中蕴藏的美学价值，赋予它们以"民间艺术"这个称号，因而获得了它们的艺术地位。建筑也不能只根据设计理论来决定形态，通过感觉来判断及决定形状的余地还很大，因此，建筑设计也有艺术的侧面在里面。在这里我要批判的所谓的建筑艺术性，是指那些认为建筑只是艺术、而其他都不管的建筑师的旁若无人的态度。

3. 现代建筑的非社会性

虽然建筑有社会性这一特性，但是，很多现代建筑却违背了社会性。让我再稍微具体地讲一下这方面的内容。

所有的场所，以及在那里矗立的房子，包括没有造房子之前的阶段，都是一个历史归结的所在。过去的人们，对这个场所孜孜不倦地经营和积累的结果，造就了这个场所的地形、街区、道路形态、用途和建筑物的形态。这种场所或者建筑物的历史背景及其含义，即所谓的历史性，是社会整体共同拥有的价值，无论个人自由得到了如何的保证，它们的价值也不可以无条件地随便处理。但是，现代建筑完全无视历史性，改变地形，拆毁重建的时候没有任何踌躇。凭着场所的历史性，也许赚不到钱；历史的建筑物对建筑师的"创造"行为来说，也许是绊脚石。但是，即使某一个人对自己来说没有任何利用价值，也非但不能排斥他（她），同时理所当然地，还要尊重那个人的个性，与此相同，任何一个建筑都蕴藏着它的历史价值，没有任何积极的理由应该拆掉它们——建筑师们没有这样的权利。

首先，做设计的时候，应该深入地理解该场所的历史性，把它本身的价值与现在要叠加的价值做比较，反复斟酌，这样做设计才行。目前，只有在民居或近代建筑的保存和再利用设计时，或者做历史性村落及街区保护的设计时，才有这样慎重的设计态度。

另外，自然环境也有那个场所固有的特性。没有经受一点人工影响的世外桃源是非常稀少的，大多是虽然施加了人工，但是其结果是使自然环境和人们的生活保持协调关系，这才是我们在生活中能看到的自然环境的普遍姿态。可是，现代建筑对待自然环境的态度也极为冷淡。要木材只要砍树就行，地面挖得翻了个儿也不在乎，对水池只考虑填平使用。最近，移植树木，在人造土地（填海等）上的种植技术也进步了，于是，人工制造的模拟自然，变成了掩盖现代建筑犯罪性的隐身蓑衣，汉字的"水池"或者"水边"的单词，被改称为外来语的"Water front"（这个词原本只有水边的意思），这个词语变成表示建筑业新潮流的时髦词汇，这些做法也不能说没有一点儿想法，然而，大部分的做法从真正的意义上来说，实际上蹂躏了自然的根本价值。

顺便说一下，最近很多学生的设计作业，根本没有那个必要，也拼命地挖地基，把空间埋到地下去。这些人不会是忘记了地表是生物持续生存的基础这回事了吧？而且，挖地的话，会造成历史性（比如地下埋有遗迹）的毁灭性破坏。一般的情况下，稍微挖一下地面，就能看到从古代到近代的遗迹多层重叠在一起的现象，可是，现代的大规模土木工程会把这些遗迹统统毁掉。几百年，几千年人类的苦心经营，好不容易遗留到今天，可是，在这数十年间，就要消失殆尽了。只因为一部分没感觉的建筑师……这是多么可怕事实，可是也有人不认为这是异常状态，那只能说明他们的思考方式多么片面。回到自然环境的话题，大规模的楼房遮挡周围建筑的日照，或是引起风灾的事都已经是人人皆知的问题，我们还是不能放之不管。

现代建筑对社会的影响之一，就是它对周围的人类生活发挥影响力。即它对人与人之间的关系，发挥重大的影响作用，当然，这个话题也并不新鲜。可是，把目光转向自己所处的周围社会的现代建筑依然很少。特别是在城市中心区域重新开发新的大规模建筑群的时候，常年居住在这条街上的小商店的主人们被赶出多年住惯了的街道，或者开发规划只剩下一所小商店，在拔地而起的高楼大厦的夹缝中生活，这样的城市风景也如家常便饭般常见。再拿身边的事来说，为了阪神·淡路大地震的复兴，而进行的再开发工程，在确保交通用路和防灾用地的美名下，建设高层住宅，破坏了长屋和町屋密布的传统的市民社会。

说到底，现代建筑美吗？翻阅一下各类的建筑杂志，的确，新建的建筑物，通过摄影家们高超的技术拍出来的艺术照，看起来蛮漂亮。在大学的建筑设计教育中，抛开平面布置和在现实的城市中这个方案怎么样的评定，仅就形式之美来评成绩的事也屡见不鲜。要判断个别的建筑美与否，如果判断标准只停留在主观上，那就很难判别了。退一百步来说，假设每一个单栋建筑都很美，但是它们构成的街区或城市美丽与否是另一个问题。如果每一个建筑都追求强烈的个性美的话，当它们集合一体构成街区的时候，只会落得一个杂乱无章的结局，连每一个建筑自身的美丽都会因这样的环境而遭到损伤，结果通常都是这样。这难道不是日本现代城市共同的问题吗？以街区为单位形成统一性，或是脉络清晰，个体和总体才会同时获得"美感"吧。

以前，社会派的建筑师大谷幸夫，对大阪世博会各展馆不考虑相邻建筑的关系而进行设计的事做了批判，他说，理该考虑的问题不去考虑，有可能创造出美丽的建筑吗？顺便说一下，总建筑师（Master Architect）制度的设计方式，即在一位建筑师的统一指导下，复数的建筑师一起参与设计的方式。这种方式对解决以上所述问题听起来是个有效的方法。可是，如果实际看看采取了这种设计制度设计的事例后，你就会发现，这种做法也只对与周围环境隔绝了的、有限的地段内的设计起到了协调作用。说到底，对所提供的建筑地段，认为没有任何限制条件，完全不需要考虑地基和周围的关系，把周围环境看成是白纸状态的设计态度，是在大学教育中养成。只要不关心周围环境的教师还在继续建筑设计教育的话，自然而然，只能不断地培养出同类的建筑师。

这样，现代建筑的非社会的侧面，只顾着"废旧立新"的方式，这变成了促进拆除重建的主要原因。新建筑只要比旧建筑好，比周围的建筑显眼就行，这种想法导致以上的现象。可是，这种方式会带来庞大的资源浪费。即使被拆掉的建筑的一部分资源可以得到再利用，但从根本上说，地球上的资源是有限的，推动大规模的拆除重建式的建设方式只会对地球环境带来过大的负荷。我们应该清醒地认识到，我们所处的时代，决定了我们必须尽可能地做到建筑物本身的再利用。从这个意义上讲，我们已经进入了建筑师们必须呕心沥血于修复既存建筑和建筑再利用的时代。

招致现代建筑的非社会性的主要原因，先把教育内容和教师资质的问题放在一边，我感觉是学生们学习建筑的思想准备不足。在笔者工作的大学，骑自行车和摩托车来上学的学生很多，可是他们来学校的时候，都不约而同地把车停在靠近建筑学科教学楼的附近。车辆少的时候还没什么大碍，数量多的时候，就会堵塞建筑周围的道路。如果他们想设计出优秀的建筑和舒适的环境的话，就应该想办法避开因停车导致道路堵塞的状况，可是大家对此现象毫不关心。还有些学生，在仅剩的狭窄过道的台阶上坐下谈笑，挡了别人的道也不站起来。在公共场所吸烟。愿意吸烟的人，因香烟的毒害搞垮身体，那是自己的责任，可是他们不能为不想吸烟、只是因为路过那里而被动吸烟的人设身处地的想一想吗？建筑学专业的制图教室如同堆满垃圾的贫民窟，这是孕育"美丽"的建筑的场所吗？我们知道莲花能做到出自污泥而不染，可是，建筑与莲花不同。我的结论是，关于建筑的社会性不足，主要源于学生们的自我认识过分薄弱。

以上，我对从根本上应该如何考虑建筑，叙述了我的批判性看法，接下来，作为分析、思考单体建筑的一个例子，我来谈一谈出云大神的本殿。

对出云大社的疑问

日本建筑的特色是什么，这好像是建筑学专业的学生们主要关心的问题之一。一般人都把茶室和神社当成是最能表达"日本特色"的建筑类型。而且，大多数人认为神社建筑是受到来自大陆的外来文化影响以前的日本固有的建筑形式（为了澄清论点，我提前在这里声明，这个想法是错误的）。

可是，神社建筑在什么时候定型，在形成定式之前的神社是什么样子的，经历了漫长的历史变迁之后，它们的建筑形态真的是一成不变的吗，只有这一系列的问题得到明确的证实，才能确定神社建筑是否具有日本特色。在这里，我不想以"日本特色"作为主题内容，而是想通过对出云大社的考察，考证神社建筑有过怎样的时代变化（或者是没有什么时代变化）。

出云大社是出云地区祭奠大国主大神的大神社。大国主大神是素戈鸣尊①的儿子，开拓了国土，并且把国土分封给皇孙琼琼杵尊，这是人人皆知的"天孙降临"②的神话故事。现在的正殿于1744年，即江户中期重建。高20m，因为神社建筑大多规模很小，因此，这个规模在神社正殿中属于极大之类。

---

① 日本神话里的人物，天照大神的弟弟。伊势神宫祭祀着天照大神，被奉为是日本皇室的祖神——译者注

② 皇孙琼琼杵尊受命于天照大神的指示，由天界（高天原）下凡到地界（向日国），即所谓"天孙降临"的日本神话故事——译者注

1. 出云大社正殿果真高达五十米吗？

本居宣长在其著作《玉胜间》里，写到出云大社的正殿过去高达16丈或32丈。一丈约为3米，如果是16丈的话约为50米，32丈的话约为100米，相当于30层的高层建筑了。前者是现在正殿高度的两倍多，后者是五倍多。

听了上面的话，有些人会想不可能有这么匪夷所思的事，从前的记录不能信以为真；也许会有另外一些人，相信这个记载，认为或许古代存在过现在难以置信的技术和形态。针对这个记载，会有各种各样的想法，怎么想都可以，可是，为了达到正确的历史认识，不能以感觉来决定是非，必须找到能做出正确判断的根据。最后，以宏观的理性为框架的历史观也是必要的。抱有过去的建筑绝不可能有那么高的想法的人，可能是进化论史观的信奉者，反过来，承认记录上的高度的人，可能是受到国家神道思想影响的结果。因为信奉神道思想，所以觉得日本古代的神道建筑很杰出，有超高的神社也是应该的。

著名的建筑史学家、已故的福山敏男认为平安时代①的建筑高达32丈是不可能的，不过，16丈的高度应该能做到。1955年他绘制了复原图。他复原的根据来自确凿的史料，即"出云大社金轮营造图"这张古图。图纸上画着三根柱子用铁圈儿绑在一起，其上架梁和檩子的图样。本居宣长在《玉胜间》也引用了这张营造图。这张古图的原图是继承了出云国统治家族②、后来世袭为出云大社宫司的千家家族收藏，流传至今的图纸是江户时代的抄本，不过，福山推定它的内容可以追溯到平安时代后期。

---

① 桓武天皇迁都平安京时至镰仓幕府成立为止的794～1192年之间——译者注
② 日语原文为"出云国造"，即统治出云国的豪族。大化革新以后，这个家族变成出云大社的神官，并且实行世袭制度。后来分成千家和北岛家两支——译者注

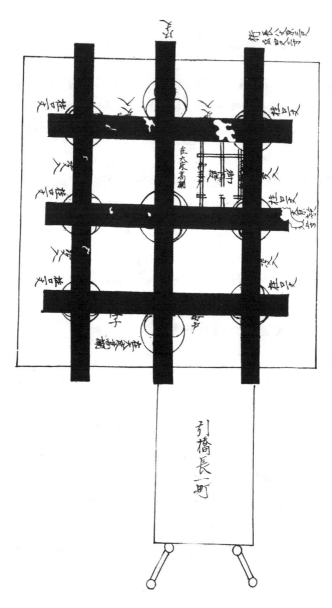

出云大社金轮御造营图（出云统治世家千家收藏）

金轮造营图上记载着柱径为一丈（约3米），根据这个比例推算，柱间的尺寸约为两丈，台阶长为"一町"① 即约100米。福山认为这样异常粗壮的柱子、大跨度的柱间尺寸和台阶的长度，与高16丈的传说相吻合。不仅如此，在平安时代中期，源为宪编写的《口游》一书中，提到三栋大规模的建筑物，即"云太，和二，京三"，人们认为这是指出云大社、东大寺大佛殿、平安宫大极殿。除此以外，平安时代还有其他的几个史料也遗留下来，因此，福山认为现实中存在过16丈高的本殿，并做了复原。

福山是以严谨的史料批判和考证而著称的学者，乍一看他的出云大社复原考察过程也无懈可击，从这以后，福山的复原案成了定论。可是这个考证结果真的可信吗？

2. 考古新发现的巨大柱子

2000年四月，从出云大社正殿前面的空地中，挖掘出三根直径1米多、捆在一起的圆柱。这些柱子原本是柱础的部分，柱子的周围填塞着切割过的石头，柱子的基础部分被固定得很坚实。从柱子的直径和三根柱子捆绑在一起的构造处理手法来看，与金轮营造图完全吻合，地面上坚固的基础处理，也让人们联想到其上部肯定竖立着宏伟的建筑物，因此，各媒体都报道说正殿16丈的考证得到了证实。

福山的假说好像真的变成了不可动摇的定论，但是，对这个定论提出疑义，正是能体会学问之深奥妙趣的机会。那么，我们能怎样来进行反驳呢？

3. 16丈得到证明了吗？

对历史的实证，重要之点在于：①要毫无遗漏地收集论证时需要

---

① 在这里"町"为日本传统的表示里程和土地面积的单位——译者注

使用的史料。②对收集来的史料进行严谨的史料批判。如果漏掉了可以推翻自己论点的反证史料的话，那就不能说这个论证得到了实证。另外，收集到的史料是否可以信赖？——如果对史料没有进行批判性的验证，就不能使用这些史料。史料批判中特别要注意的是，第一要明确史料的出处、来历，进一步地，判断史料是不是伪造的，有没有笔误或者受到篡改等，进行客观批判，继而对史料内容的信赖度进行批判，没有经过这两个检验过程是不行的。

福山立论时使用的史料①也好，史料②也好，看起来没有任何漏洞。但是作为史料而言，与论题同时代的史料才是最可信赖的。后世的史料，有的是以同时代史料为基础编撰的，但也有后世根本没有任何根据就编撰的，因此可信度降低。福山的论据即正殿高度为16丈、32丈的数字，是《玉胜间》里记载的数据，与金轮营造图一样，据说是本居宣长本人在出云大社里收集到的史料。因此，首先可以确定这个数值是江户时代的，也就是说比起福山复原了的平安时代，是相当遥远的后世的史料。那么，本居宣长是以什么来作为史料的根据的？即使不能判明这个出处，也必须要搞清楚记载了16丈、32丈最古史料可以追溯到什么时代。如果在平安时代的史料里，出现了16丈高度的记载的话，不管本居宣长根据什么来写的，福山的论据都不会动摇。

关于这一点，现在所知的最古史料，是1391年记载的《杵筑大社古记御造营次第》这个记录。这个记录收藏在出云大社的分寺鳄渊寺里，文中记载"杵筑大社有三十二丈，仁王十二代景行天皇时御造也，其后更为十六丈，再后更为八丈，现为四丈五尺也"。平安时代长达400年之久，以上的记载比平安末期还要晚300年以上，可见这份史料的可信度很低。当然，既然在《杵筑大社旧记造营次第》里有如上的记载，说明它也是根据某个史料编撰的，因此，也不能彻底否定发现更早时期的史料的可能性，不过，目前没有发现比康应三年即南北朝末期更早的东西。

那么，以上述事实为前提，有必要考虑为什么在康应三年记载了这个数据？出云大社的社殿造替①的年限大概是三十到五十年的间隔。可是，在11世纪到12世纪之间，神社坍塌的记载变得多了起来。到了镰仓时代的13世纪中期以后，连正殿迁宫的工程都停止了，到了十四、十五世纪，神社已经衰落到轻易不能实施造替工程的程度。直到1508年，战国诸侯尼子经久承担了营造，神殿群于永正十六年落成。现在位于兵库县八鹿町的名草神社三重塔，也是这个时候在出云大社院内建造的塔，1665年从出云大社迁出，被移建到名草的深山里。

总之，中世后期是出云大社极为衰落的时代，也是很难进行营造工程的时代。在这样艰难的时代，对过去的辉煌充满了怀念之情，在这种心情下写下16丈或是32丈这样的记录，我们不得不把这个记录看成是人为的、政治性意图的产物。很难想象，他们毫不夸张地忠实地记载了以前神殿规模。过去建造了多么雄壮的正殿，和过去相比现在是什么水平，为什么比以前落后了这么多，如果这么想的话，那现在应该怎么做，有财力的人们，信仰笃实的人们，请你们伸出复兴神殿的援助之手吧——这份记载里，潜藏着这样召唤民众的目的吧。或者是为了激励人们复兴神社的想法，进行了夸大的表现。对过去的正殿，只说"比现在大，而且非常雄伟"是不够的，必须用具体的数字来表现雄伟的身姿。而且，数字很大，又用了吉祥数字八的倍数，效果就变得更强。十四世纪末以前，正殿雄壮之事，以《口游》为首，有好几个记载中都有涉及。可是，至少到目前为止，没有发现十四世纪末以前留下来的具体数字，这表明把16丈和32丈作为平安后

---

① "造替"为神社固有名词，即指神社建筑在指定的两个基地之间，在确定的年限里循环迁建的做法。伊势神宫每隔20年重建一次——译者注

期的正殿高度来使用是危险的判断。同样地，《金轮造营图》是否也在同样的社会背景下应运而生，我们对它的制作也产生了同样的悬念。据福山敏男的考证，《金轮造营图》制作于平安时代后期。可是，到现在为止，没有发现过《金轮造营图》的古抄本，也没有发现能够了解这个造营图制作过程的文书或者记录。出云大社或者千家或许收藏着这类史料而不为人所知，我们只能等待相关史料的新发现，现在表明《金轮造营图》很古老的证据只有一个单词，即图中记载了"御决入"（板壁的意思），这是平安时代以前使用的单词。福山认为这个图的比例关系也很正确，可是，在中世纪以前，能把建筑结构也准确地表达出来的图纸，除此一件以外，再没有发现其他实例。这么说，《金轮造营图》说不定出于人们的意料，完全有可能是在更晚一些时代绘制而成的。

  在这里，因文章的篇幅所限，不能详述推测制图时期的史料根据，不过我认为，与 16 丈、32 丈的数字一样，《金轮造营图》是在出云大社衰落时期，即 14 世纪绘制的。到了江户时代，出云大社因为有幕府的援助，按照最新的技术以及形式进行了重建。有可能在 1661~1673 年重建时，在建筑设计的中途决定采用复古形式，因此，复原过去的形式，并把它用图纸的形式表达出来，也不能彻底否定这种可能性。关于这一断代问题，还有待于今后的史料调查，以便开展更加确实地实证性推断。

  综上所述，在平安时代后期，出云大社正殿高度有 16 丈或 32 丈的说法，几乎没有根据，这应该是妥当的结论，即便考古挖掘的调查中，发现了如何之粗的柱子，也没有必要用它来附和 14 世纪末的史料记载的尺寸，并依此作一些解释，完全没有这样牵强附会地解释的必要。

4. 历史认识的思想性

　　福山重视16丈这个数字是为什么呢？事到如今，也无法探知其中原委，不过，福山在第二次世界大战前在内务省造神宫司厅工作，在那时开始致力于神社建筑史的研究。内务省是国家神道思想的总元帅，不管福山喜欢与否，不能否定他处于国家神道思想的影响之中。出云大社是记纪神话①里都提到了的历史悠久的古神社，因为不自觉地抱有远古时代的神社其规模必然雄壮的默然认识，所以福山才没有怀疑16丈这个数字，难道不是这样吗？

　　现在，抛开国家神道的思想束缚，站在更冷静的学术立场上，重新考察神社建筑史的研究很活跃。可见，历史认识总是要牵扯到思想。思想性应该通过学术成果来验证它的妥当与否。出云大社正殿是怎样一个形态，即使是这么细小的问题，也受到了思想的巨大左右。

　　接下来，让我们从建筑的角度来看一看历史的演变。

重新考虑断代问题

1. 关于时代划分

　　说起镰仓时代的东大寺南大门（1199年建），初中和高中的历史教科书肯定登着它的照片。在高中，老师一定会讲到它创造了崭新的建筑形式叫"大佛样"（亦称天竺式），名叫俊乘房重源的高僧和它的建设有密切的关系。南大门被当成代表了镰仓武士政权时代文化的典型实例。在同一时期，东大寺大佛殿，净土寺净土堂等也相继落成，的确，这时出现了与平安时代完全不同的建筑技术和形式。在建筑史

---

　　① "记纪"即指日本现存最古的编著于8世纪的历史书《古事记》和奈良时代编撰的现存最古的编年史《日本书纪》的合称——译者注

通史中，随着东大寺的重建而诞生的"大佛样"意味着中世纪的开始。可是，建筑形式在镰仓时代的初期阶段，就发生了很大的变化了吗？或者在那时，建筑的什么东西发生了变化？

意大利的哲学家克罗齐①说过"思考历史的过程就是给历史分期的过程"，确实如此，在追溯建筑历史时，怎样断定时代分期，换句话说怎样划分时代，这个问题与实证剖析个别的历史现象同等重要。日本建筑史也可以像历史学中最普遍的断代方法一样，分成古代、中世、近世、近代这几个时期。在这里，我拿中世纪作为例子，考虑一下如果从建筑的观点来做历史分期的话，能设定怎样的时代指标，什么时刻能被认定是划时代意义的历史性瞬间。

2. 对中世起始时间的质疑

日本建筑史的中世纪的开始，如前所述，一般都认为从镰仓初期东大寺修复时使用了"大佛样"开始，笔者让学生写小论文时，大多数的学生引用了建筑史学泰斗太田博太郎讴歌"大佛样"的言论。可是，在这个观点的背后，隐藏着几个重大问题。在此我仅指出其中的三个问题。

第一，"大佛样"常用"贯"（贯穿柱子的联系水平方向的木材，即枋），这的确是以前的"和样"所没有的划时代的技术，不过，决定建筑特色的不光是技术要素。除此以外，建筑中的其他因素，在镰仓初期是否也处于变革期呢？第二，在镰仓中期以后，"大佛样"在建筑形式上是否起到决定性的影响？第三，寺院建筑中使用了大佛样这种新技术，其他建筑类型又如何呢？

关于第一点，以建筑空间为标准来看建筑时，不能忽视在平安

---

① Benedetto Croce, 1866-1952，也译为柯罗齐，为新黑格尔主义代表人物之一，著有《美学》、《论理学》、《实践哲学》、《历史叙述的理论与历史》等著作——译者注

中期已经开始出现变革的萌芽。寺院建筑在九世纪后期,已经出现佛堂内部分隔成几个空间的现象,即出现了内部空间逐渐扩大的动向。这些变化的具体内容和为什么会出现这些变化,我在这里就省略不说了。只要你把法隆寺、唐招提寺的金堂(法隆寺建于7世纪后期,唐招提寺建于8世纪后期)和奈良二上山山脚下的当麻寺大殿和滋贺县以红叶闻名的湖东三山里的西明寺大殿(镰仓前期建·南北朝时扩建)作一比较的话,它们之间的差异就会一目了然了吧。重点在于寺院建筑内部空间构成在飞鸟、奈良时代与平安中期以后发生了巨大的变化。然而,平安中期以后建筑形态几乎没有什么变化,一直持续到镰仓、南北朝和室町时代。这种空间构成的变化,与镰仓初期的东大寺重建工程以及在那里采用了大佛样的事都无关。只是这个变化不是在9世纪一下子发生的,而是逐渐变化而成,可以认为到了12世纪前叶为止大体上定型,这样可以说平安后期是中世纪的开始时期。

其实,历史学领域中,把镰仓幕府作为中世纪开始的看法,在近几年也逐渐改变。有人把摄关、院政期看作是中世纪的起点。从前述建筑空间的角度得出的看法,与这样的历史学认识也很吻合。

第二点,我想指出的是,正因为大佛样和个性突出、具有杰出才能的重源这位人物一同出现,所以,当重源在1206年一过世,"大佛样"就迅速地消失了。"大佛样"的流行时间,差不多正好限定在重源在世的25年里,建成的建筑物也大都在东大寺内,或者与东大寺和重源相关的非常有限的寺院里,是极为特殊的建筑样式。那么,"大佛样"在历史上是这么微小的存在吗,并不是这样。13世纪后期以后,"大佛样"的若干要素被融合到平安时代以来的"和样"中,在技术上和意匠上都创造出了革新性建筑物。"大佛样"的影响及对它的肯定性评价一直持续到14世纪末。在"大佛样"的影响下,形式与结构新颖的"新和样"、"折衷样"诞生了。广岛的明王院大殿是

当麻寺大殿。前面是佛殿，左边是拜殿。这种内部空间是中世佛殿的典型（1161年）

明王院大殿。它是淋漓尽致地发挥了应用自如的折衷样式的技法和意匠的代表性作品（1321年）

此类建筑的代表实例。如果从技术革新的角度来看，比镰仓初期更合适的断代时间应该是"新和样"、"折衷样"得以发展的镰仓后期为始到南北朝的期间。

第三点，今后需要梳理住宅和神社等类型的历史发展全过程，不过，在这里首先让我把结论说在前面，即东大寺的复兴工程也好，"大佛样"也好，都不能变成判断其他建筑类型历史分期的标准。

如前所述，把镰仓初期定成中世的起始时间，这个通用的定论已经变得没有意义。笔者认为平安后期到院政时期是中世纪的起始时期。把镰仓初期的"大佛样"看成古代和中世纪的分界线的想法，可以说是技术至上的现代主义的思考方式。可见，在历史断代时，思想影响也是核心问题。

3. 怎样定指标

所谓时代划分，关系到怎样理解历史的整体性演变问题，这时，重要的是把什么定为时代性指标。拿中世纪来说，建筑技术和建筑空间两者之中，把哪一个定为指标才有效？结论会因为确定的指标不同而不同。当然，也有把各种指标都列出来，综合性地全面分析之后，再进行历史分期的方法。然而，比什么都重要的是你所设定的时代划分，能否有效地说明这个历史阶段的各个方面的变化，必须经得起历史的验证。

上述内容，从历史的角度，向建筑相关的几个问题提出了质疑。对现行概念和现行理论、定论提出疑问，不仅是建筑学专业，而且是所有的学问中都必须具备的学术态度。同时，为了使自己的质疑和批评产生效力，为了自己的立论必须要挖掘确实的根据。没有论据的空论，当成假说，也许会有一定的意义，但是这样的空论对他人和社会不能产生说服力。确保必要的论据材料，以此为基础建立坚实的理论框架，这样的话，应该会推导出对建筑的正确认识。不做廉价的评论，不随波逐流，应该努力培养确实有效地分析问题的能力。为此，观察现实的社会、建筑和城市，深入地阅读它们的态度不可缺少。所谓学习建筑学，就是如此，别无它法。

山岸常人/京都大学副教授·建筑史学家

● 修缮建筑

信念，技术与爱心

西泽英和

儿时的经历

我小学生的时候，正值战后不久。现在想起来，那时物资相当地匮乏。

有一天，听说为了修路，要拆毁校舍旁边绿树环绕的、非常漂亮的木构建筑。我想那会变成什么样子呢，跑去看热闹，发现匠人们小心地拆下柱子和房梁，然后，在稍远的地方重新搭建。

最让我吃惊的是他们把雪白的土藏房①也搬了家。有一天，几个工匠来了，在土藏房的脚下开了几个孔，然后把粗大的木材像发簪一样穿过去。我好奇他们要干什么，于是每天都去观望。几天以后，他们拿来了象铁疙瘩似的千斤顶，把土藏房和地基一起拱起来了。道路上铺着辅助滚动的原木，工匠们用绳子把土藏房拴了好几道，之后慢慢地开始拉。周围挤满了围观的人。

怎么也没想到要移动看起来这么沉重的土藏房……大家都惊呆了。简直就像节日里扛着的山车。途中遇到几个拐弯儿，可是工匠们就像转着山车那样轻松地转过去了。几天以后，像什么事都没发生过似的，土藏房在几百米远的另外一个地方建起来了。

由于地毯式空袭，大阪街里的房子被烧的所剩无几，街上的空地很扎眼。因为这个原因，我对免于战祸而侥幸遗留下来的、绿树环绕的老房子很喜欢。因此，把建筑或土藏房或树林保护下来，虽然样子稍微有所改变，我都感到由衷地高兴。

即便有过这样的想法，没有什么值得一提的一技之长、也没有什么才华的我，为什么选择了建筑之路了呢，我也时常问自己。这时，我会想起种种理由，不过，小学生时代看到木匠和鸢匠叔叔们分解建筑再组装起来的经历，看到移动土藏房的实况，这些事让我惊叹，好

---

① 土藏房，是为了使粮食、商品、家财等免受火灾、潮湿、匪盗的损害，而建造的夯土或石结构的建筑物——译者注

像就是这种惊叹引导我走上了建筑之路。

"修好再用"与"拆毁扔掉"

"从现在起,我们要进入一次性使用的时代。美国人都那样做"。

从初中生时开始,经常可以听到这样的话。现在回想起来,那时正是日本迎来真正的经济高度增长的时代。可是,真是那样吗?我看也没有变得多么富裕呀,看着身边的状态,我产生了疑问,特别是对大家异口同声地赞美"一次性使用"的潮流产生反感。

我第一次去美国是20年前。日元虽然开始升值,不过,还是1美元约折合250日元的时代。我去美国,首先想知道的是美国人是否真的过着不管什么都一次性使用的浪费生活。

我访问的地方,人们都很亲切地接待了我,对我拙笨的英语提问,也都作了真诚的回答。那时感到吃惊的是……

首先,他们买家具的时候,都是和家人多次商量,然后慢慢地选择商品。他们说不会冲动购物,而是要选择下一辈人也能继续使用的那种家具,即使是贵也要那种。当然便宜的东西也很多。但是,即使是便宜的东西,也不会不用了就扔掉,而是以成箱廉售的方式寻找能好好使用这些东西的人,一个接一个地转让下去。

接着,我对他们气派的住宅也感到惊叹。日本住宅的使用年限是20多年,也就是以一辈人以内的短周期反复着拆毁和重建的循环。我问他们"美国的住宅使用年限是多少年",他们反问我"使用年限是什么意思?"对这样的反问我相当震惊。

"建筑是半永久性的东西"。这是欧美,不,是世界的常识。在欧美,建造坚固的住宅,精心地使用,不断地修缮和改造,这样,使几代人持续使用。因此,这些建筑没有"使用年限"这个概念。那时我的直觉告诉我,"使用年限"这个想法,是为了让住宅象家用电器那样在短期内废弃重购，在世界上行不通的、只有在日本横行的诡计。

在美国我还了解到一个规则，即欧美有"用税金和捐款建成的建筑不能拆毁"或是"从祖先那里继承下来的历史性建筑，必须作为遗产用心地保护"这样不成文的规则。

用税金和捐款建造的代表性建筑，就是市政府和学校，车站和礼堂等"公共建筑"（public building）。值得市民们骄傲的，也大抵是这类建筑，它们变成街区的象征，被维持得干干净净，随着岁月的流逝而增添风韵，与周围的历史性建筑一起，使人感觉到这个城市的固有的历史和文化。

的确，日本大部分的城市，由于第二次世界大战末期的地毯式轰炸，遭到了彻底性破坏。因此，战后复兴的目标是不管寿命有多短，大量地、快速地供给住宅是关键。那时，欧洲也是同样的局面。然而，战后六十年的今天，欧洲和日本的建筑和城市的状况却有天壤之别，特别是住宅差异显著。在欧洲，战后复兴的城市也会让人感到地方色彩和地方文化，而现在的日本城市到哪儿都是千篇一律的无机质建筑，它们侵蚀着日本丰富的历史特色。

为什么出现了这么大的落差？这是因为高度经济成长期以来，日本人对待建筑的态度是只顾盖了再拆、拆了再盖，而欧美人把建筑当成是"社会资产"，用心地持续使用，结果的差异不正是出于两者对待建筑的态度上的差异吗？

照片1a是洛杉矶市内的住宅街区的景观。在这个街区，有几栋大约100年前建成的商品住宅遗留下来，住宅是木结构的维多利亚风格。其中大多数的房子最近没人住，如照片所示，地基和外壁破损得相当严重，没有人修缮，几乎要变成贫民街。在这样的情况下，最近，市政府把这些建筑指定为历史性建筑，并作为市政财产登记，而且，如照片1b所示，正在按部就班地修缮，逐渐地恢复到从前的模样。新来的住户，也应着自己的兴趣，和本街区的匠人们一起慢慢地修理着这些建筑。这

信念，技术与爱心

a 放弃不管的状态

b 逐渐修复的状态

照片1 洛杉矶近郊的木结构旧住宅

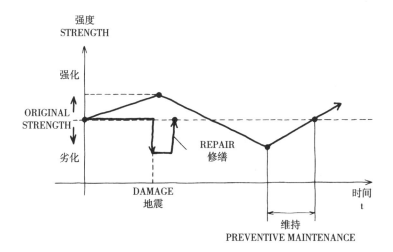

图1 建筑强度随着时间变化的模式图

种现象，现在在世界各地都能看到。绝对不会是因为变旧了，就要拆毁。重视传达着历史信息的建筑的地方都这样做。

看了外国的美丽城市，回过头来看一看日本，没有什么坏了的地方，或是稍微修理一下就能用上几百年的小学校舍，也要毫不可惜地拆掉，不可理喻的行动。这不能不使人感到现代日本人的怪异。

为了眼前的经济利益，把人们好不容易才建成的建筑或者是环境拆毁，拆了再建，建了再拆，做着这样空虚的营建。这不就是这十年来日本的现实吗？这不是徒劳无益的行为吗？

为了重新构筑日本丰富的建筑文化，恢复优良的传统，即精心并持久地使用建筑或物品的精神，让我在下面讲一讲"修缮的技术"。

"建筑能修好"

不管是什么样的建筑，由于多年的风雨侵蚀和地震等自然灾害，都会慢慢地破损。特别是日本，处于亚洲的季风地带，夏季时如热带一样高温多雨。而冬天时，又会象亚寒带那样寒冷并有大量的降雪。加之每年都有台风的袭击，又经常发生大地震。对建筑来说，自然条件这么恶劣的国家很少见。

可是，如国宝法隆寺伽蓝那样，超过1000年以上的神社或寺院建筑安然无恙地遗留至今的实例也很多。自己身边的传统建筑如民居等，即便没有千年的历史，过了百年的建筑也不少。木结构住宅超过300年的例子也并不少见。

人们常说现代的木结构住宅只能用20年，一般人认为木材或者竹子等不象砖和石头那么结实，马上就会朽烂，那么，使用了木材的传统木结构建筑为什么会有如此的耐久性？

这是因为有以下两个"修理的技术"。

①修理建筑经年损伤的技术：阻止因风雪或虫害造成的建筑损

伤,防止它恶化下去的手法。

②针对突发灾害性破坏的修复技术:因为台风或地震等突发性灾害,建筑受到损伤时,修理建筑,使它的建筑强度得以恢复。

1. 修理建筑老化的技术

图1是建筑强度在竣工后,随着时间流逝而变化的关系图。一般人们认为建筑强度随着时间的流逝而降低。

实际上,拿混凝土的强度来说,捣筑几年以后的混凝土,会慢慢地结晶化,因而强度反而变得更大。事实确实如此。通过调查昭和初期建造的钢筋混凝土建筑,发现七十年前的建筑强度是 $150\text{kg}/\text{cm}^2$ 的话,那么现在的建筑强度已经变成当时的两倍。同样,扁柏等木材在采伐后 300~400 年之间会逐渐变硬,其后强度才开始慢慢降低,到 1000 年后降到采伐时的强度。

最近,迷信只要材料是新的就是好的,旧的就是坏的,这种人变多了。但是,大多数的材料都是在长期保存之后才变成真正的好材料。就和土壤一样。

即便好好地选了材料后造好了房子,也不等于说各部位的结构负担的载重和温湿度条件都一样。受到环境条件最严酷考验的是"屋顶"。所以,要想让建筑长久地保留下去,修理屋顶是最重要的。

过去,铺屋顶用茅草或者稻秸、麦秸等植物性材料。因此,需要频繁地重铺屋顶,在屋顶上用过的稻秸,拆掉后扔到田地里,它们会变成肥料回到土壤里。可是,很多住宅聚集在一起时,火灾的危险变大,加上经济也发展了,从江户时代中期以后,一般人的住宅中也普遍使用瓦屋顶。用高温烧成的日本瓦就好像是一种陶器,具有很强的耐热性和耐久性,可是即使是这种好瓦,过了50~60年以后，它的表面就会产生微小的裂缝，雨水渗入其间，冬季会因寒冷而冻裂。

如果对这种状态放置不管的话，雨水会流进瓦下面的构件里，椽子等部分的木材也会因此劣化。喜欢潮气的细菌和白蚁等也会随之出现。支撑椽子的檩子和房梁也渗进水的话，建筑强度就会急剧地下降。这样，屋檐开始下陷，瓦垄起跷，从外观上就能看出建筑的损伤程度。接着，承受大负荷的柱子和房梁等主要部位的木材开始劣化。在这种状态下有地震或台风的袭击的话，建筑结构不能发挥原有的强度，导致倒塌等重大灾害的危险性就会急剧增大。

这不只是木结构才有的现象。即使是人们相信具有很强的耐久性的钢筋混凝土结构，情况也没有什么太大的不同。一般来说，屋顶防水处理的寿命最多也就十多年。因为屋顶夏天要承受强烈的热辐射，所以防水材料退化得很快。另外，屋顶上的混凝土由于热辐射而反复地膨胀和收缩，导致很多裂缝出现。为此，一旦雨水渗到防水层下面，就会随着屋顶混凝土板的裂缝继续下渗，腐蚀到钢筋。钢筋的铁锈一膨胀，又会使混凝土的裂缝扩大。这样，超过一定限度后，混凝土就开始急剧劣化。

照片2是奈良县今井町有210多年历史的木结构建筑修理之前和修理之后的状况。这个建筑是做肥料和五金生意的商人的住宅，有一排格子窗面对着道路。但是，修理之前土壁剥落，屋檐的铺瓦也乱七八糟，好像马上就要掉下来。破损到谁都认为只能等着拆毁的程度。但是，把屋顶落架，修理好损伤的木材。重葺瓦顶，最后再把原来的白墙涂上一遍，结果如照片2b那样，以往美丽的身姿复活了。

如上所示，让日本建筑劣化的最大的原因就是漏雨。因此，在漏雨之前，也就是铺瓦和屋顶防水开始受到损伤之前，经常修理屋顶的话，建筑可以维持竣工时的强度。

信念，技术与爱心

a 修理之前

b 修理之后

照片 2 修理木结构建筑

205

如果不算台风等突发事件的破坏，一般瓦屋顶能用50年左右，茅草苫屋顶能用25年左右，公寓住宅的平屋顶防水能用12到13年左右。在做屋顶修理时，顺便检查一下屋架木材和混凝土的损伤程度，及时进行修理就可以维持得很好。

总而言之，在建筑部件受到损伤之前，进行适当地修理，我们把这种过程叫做"维持性保护"。这样，就如图1所示，能恢复建筑强度，并使建筑得到维持性保护。什么事都要做到有备无患。在部件开始变坏之前修理的话，花不了多少修理费。"健康检查"和"预防医学"。这就是让建筑长寿的极致理论。

再说一些个人看法，我认为即使是钢筋混凝土结构，也应该设置日本传统的那种瓦屋顶。公寓住宅建成十多年后，防水层开始损伤，这时在平屋顶上加设一个有深出檐的瓦屋顶就行了。如果这样做，建筑几乎不会受到损伤，建筑寿命会大大地延长。不仅如此，屋顶上有了空气层，楼房最高层也会变得冬暖夏凉。节省能源的效果也很出众。真是一石三鸟。这种屋顶称作"盖顶"，也是传统日本建筑的智慧。

2. 针对突发性灾害的修复技术

照片3a是镰仓著名的圆觉寺舍利殿，屋顶很优美的禅宗名刹。但是，这个建筑在1923年的关东大地震时遭到破坏，在照片3b里能看到当时的惨状。柱子倒了，屋檐上面的屋顶部分没有受到太大的破坏，整个儿掉在地上。经过震后调查，柱子本身也几乎没有损伤，因此可以推测由于地震剧烈地摇晃，整个建筑被震得飞离基础，柱子倒了，导致坍塌。现在的舍利殿，是在关东大地震后修缮以后的样子，并用钢筋加固了基础。

最近的台风受灾实例，有1998年9月的七号台风吹坏国宝室生寺

信念，技术与爱心

a 现在的状况　　　　　　　　　　b 关东大地震后的状况

照片 3　镰仓圆觉寺舍利殿

a 1998年台风之后　　　　　　　　b 修复以后的状况

照片 4　国宝室生寺五重塔

五重塔的事例。由于台风吹倒巨大的杉树砸到了塔身，有着1200年历史的美丽的五重塔如照片4a所示的那样，屋檐在转眼之间遭到破坏。三年后，如照片4b所示，被修缮如初，美丽非凡。

其实，1995年兵库县南部地震也使许多神社和寺院建筑以及民居等历史性建筑遭到相当大的破坏。但是，类似这样的灾害并不是第一次。像这样的灾害，在过去发生过无数次。但是，大多数的建筑，在短期之内就修缮如初。因此，经过修理的事实不太为人所知。由于灾害受到巨大损失的，往往是那些多年放置不管，部分木材出现腐烂情况的建筑。因此，地震受害之后，不仅要修复那些因震灾损坏的部位，也正是一个好机会，把至今没来得及修理的耗损了的部位也好好地修理一下，这才是妥当的修缮方法。总之，为抵抗下一次灾害作好强身准备。这样的修缮技术是日本悠久的传统。

然而，阪神大地震的灾害处理方式和以往完全不同。本来只要几个星期就能修好的大部分建筑，不修，都拆了。

建筑应该拆除还是留下来，当它面临选择的时候，是否能克服这个存亡的危机，还将取决于当时参与工程的建筑技术人员有没有"修复建筑的技术"，以及有没有足够的"知识与技术"。

"信念"与"技术及爱心"

回顾一下日本近代的历史，最近，不管什么都是拆了重建的建筑做法，换句话说，忘记了"修缮"的建筑技术，这实在是很危险的状态。总之，一心想着"新建"，以前轻而易举就能修好的复原工程也不会做了，结果只能朝着拆毁重建的方向走下去。从这个意义上讲，这次的阪神大地震之后，放弃修缮的做法，是日本建筑灾害史上少见的"大败仗"。

要妥善地修理建筑。为了达到这个目标，不仅要熟知当今时代的新技术，还要了解过去的各种各样的构造、材料、施工方法，以及各个时代的设计思想。这样也能促使我们深入理解今天的建筑。不能修好先人们留下的建筑的技术者们，那么，他们对当今时代的建筑也不可能深入理解。

现代人就象小孩儿那样，动不动就想要新玩具，一味地追求外表上的新奇，不是这样吗？可是，坏了的玩具不扔掉，试着自己修理一次，对玩具的看法就会发生相当的改变。要修理，这时才开始注意设计者的意图，或者这时才能领会制作人本领的高低。也可以说，要修理的时候，这些东西才开始变成自己真正所有的东西。

不管是什么，没有珍惜的态度，就不会产生创造。对今后的日本建筑界，我期望它能保持我小学时看到的移动土藏房的技术，能够保持栋梁与鸢匠们的传统思想，即不轻易地破坏别人或祖宗留下来的东西，保持持久使用它们的"信念"，以及掌握修复的技术与永久使用的爱心。

西泽英和/京都大学讲师·建筑医生

● 建筑是可疑的

城堡、宫殿、原爆穹顶

木下直之

建设、拆毁及重建

从我家到车站的途中，有一个地方堆着旧柱子和房梁。虽然上面盖着简陋的镀锌铁板，但用它抵御雨风还是不够的。已经好几年了，因为这样，木材受损，开始腐烂。木材的主人或许打算将来要用这些木料吧。其实，只要在木材上规规矩矩地预先做好记号，以后只要按照原来的榫卯，即凹凸对位关系来组装，就能按照原样把房子重搭起来。

就这样，如同塑料模型那样，日本的木结构建筑盖也好、拆也好，都很简单，并且，把结构部件运到其他的地方重建也不费事儿。虽然这样说，能享受这种待遇的，只有神社或者是寺院和茶室等，有相当的历史渊源的建筑，一般的住宅就不需要这样做了。因为，新建比移筑更简单。如果你去过拆卸木结构建筑的工地就会知道，微臭而潮湿的气味儿会一下子窜到鼻子里，很多木结构建筑在正常使用时就已经开始腐烂了。

目前，建筑上使用的材料，外行人是看不出来到底是什么材料，就在不久前，人们还嘲笑日本建筑是用树和纸做出来的，所以易燃。听说美军就是针对日本建筑的这个特性，才发明了燃烧弹。正如他们所预料，由于空袭，很多城市被火烧成了荒野，这大约是58年前的事了，8年前的阪神·淡路大地震时，那个惨象再次重现，当时住在神户的我亲眼目睹了那个场景。

日本建筑经常被烧毁，经常损坏的历史，反过来想，就是毫不气馁，顽强重建的历史。以东京为例来说，距东京大空袭仅22年前，发生了1923年的关东大地震那种毁灭性的破坏，再往前追溯的话，1855年的安政大地震也让东京遭受了毁灭性的破坏，可是，每次震灾之后反而引起经济的复活。

城堡、宫殿、原爆穹顶

镀锌铁板顶下面的旧梁柱堆（2003 年）

鸽子屋和住宅搭在一起的建筑（2003 年）

跌倒了再爬起来，就这样，地震和火灾让木匠、鸢匠①和泥瓦匠以及木材商赚了大钱。安政大地震之后，讽刺他们越烧越肥的彩色浮世绘版画大量上市。画面上，匠人们和大鲶鱼②一起开宴会、寻欢作乐，并且画着匠人们袒护鲶鱼，不让它们受欺负。

现代建筑大量地使用混凝土和钢材，每一栋建筑物的防火性都得到了飞跃性的提高，可是，对这种有足够强度的建筑，也采取建了拆，拆了建的建设方法，居民们对这样的作法没什么异议就接受了，这只能说在悠久的历史的潜移默化中，形成了日本人的建筑观。换句话说，就是对眼前的建筑并没有什么期待，反正不知道什么时候它就要消失了，宛如在看着幻影的感觉，我们每一个人的心中难道不都有这种感觉吗？

使用前和使用后的建筑

由于这种现象的存在，建筑师和建筑史学家们呼吁应该更加重视建筑。应该重视建筑的理由，恐怕可以归纳成以下四点。第一，这个建筑是谁设计的；第二，它是什么风格的；第三，谁使用了这个建筑，在那里发生了什么样的历史性事件；第四，这个建筑对所在地域的景观作出了什么样的贡献？

用东京站来举例说明吧。首先，东京站是辰野金吾设计的，1914年竣工。它与1896年竣工的日本银行总店一起被列为辰野金吾的代表作。第二，它的风格是文艺复兴样式，有浓厚的明治时代的红砖建筑的氛围。由于东京大空袭时的火灾，虽然烧掉了穹顶和三楼部分，还是侥幸地留下了竣工时期的立面构成风格。第三，1920年在东京

---

① 鸢匠即江户时代施工方面的技艺高超的匠人。专门负责大木材、大石材的处理以及高处作业——译者注

② 日本的风俗认为鲶鱼出现就会地震——译者注

城堡、宫殿、原爆穹顶

站,原敬首相被暗杀,1930年在车站里又发生了狙击浜口雄幸首相的不幸事件。这些历史事件,到了现在,变成了这个建筑物的附加价值,除此以外,东京站象征着日本的近代化进程(不管怎么说,它是连接着全国铁路网的中枢),支撑了高度经济发展(譬如在1906年开通了新干线),这些事实赋予建筑物以历史价值。第四,近代建筑不断消失,甚至连丸大厦①也被拆毁的今天,东京站与皇宫相呼应的构图,组成了丸之内的景观中心。

出现拆掉东京站的说法的时候,掀起了保护东京站的运动,以上四个理由不论哪一个肯定都起到了相当强的说服力。在不久以前,第三个理由可能相对较弱,然而,当今的人们不仅重视风格或景观这些可以眼见为实的东西,而且也开始重视那些看不见的、蕴藏在建筑和土地上的集体记忆。

话虽这么说,四个理由里,我认为第一个理由效力最强。东京站是辰野金吾设计的,这是没有争论余地的事实,只要建筑历史上对辰野的评价不发生一落千丈的逆转,东京站的地位就稳如泰山。可是,辰野是设计者还是作者,二者之间有着微妙的不同。确实,不容怀疑,东京站是辰野的作品,可是,建筑物等于作品这个看法是不容置疑的吗?针对这个疑问,让我们来思考一下这个问题。

退一百步说,竣工时的东京站完全按照辰野金吾的设计实现了。在这一时刻,作者和作品之间,可能就象父母与子女那样,有着强烈的纽带关系。然而,即使是父母与子女之间,也随着子女的成长,他们离开父母,渐渐地,父母才感觉到孩子其实不是自己的私有物。

建筑物与这个过程也很相似。同样是造型艺术,建筑与绘画和雕

---

① 丸大厦于1923年建成开业,由三菱合资公司不动产部开发,美国弗拉公司施工,是第一个商业购物与写字楼合为一体的综合性大楼,代表着日本的近代化的标志性建筑——译者注

刻不同。它与绘画和雕刻的差别在于，建筑物的内部空间能接纳人进去，因此，建筑被居民和利用者们随心所欲地使用，因而被改造，产生变形，赋予建筑以建筑师们连想都没想过的其他意义。如果原子弹不是投到广岛，而是被投到东京的话，东京站也有可能变成"原爆穹顶"，作为反战及呼吁和平的符号来使用。

可是，很多建筑师不想接受这个现实。比起现实，他们更重视"自己设计的建筑物是自己的作品"这样的幻想。建筑师们喜欢竣工时的照片，换句话说，就是使用前的照片，这样的照片会把虚幻的认识如同现实一般展现在建筑师的眼前，因此大家喜欢。

竣工照片里，人影被慎重地排除掉。因为，只有这样，照片里的建筑物才给人以永远存在的感觉。再拿父母和子女来比喻的话，父母用照相机拼命地把孩子发育成长的过程记录下来，整理成相集。渐渐地，孩子们开始拒绝按照父母的意思拍照片了，夫妇就会叹息"唉，从前才讨人喜欢呢"，背对现实，沉浸在往事的美好回忆里。同样，许多建筑师费尽心思地把自己的设计作品竣工时的照片当作文件整理成册，对使用后的建筑照片看也不看一眼。

竣工不久以后，那些竣工照片被当成建筑师的作品在媒体上流通。在杂志上介绍，如果顺利的话，还可能被编辑成作品集出版。也有可能在美术馆里召开建筑作品展览会。甚至可能被编写到建筑史里。就这样，以建筑师为中心，以作品竣工时为起点，使用竣工照片来著述建筑，这种体系早就成型了。

当然，如果不把竣工时刻当作坐标轴的话，作品之间就没法做比较了，也有人这样想吧。可是，只从那一刻开始讨论建筑师和建筑史的事实也是存在的。但是，仅仅以这种方式看建筑的话，就没法捕捉建筑物持续不断地变化着的现实。

为什么这样说，因为我们生活着的城市就是不断变化着的建筑物的集合体，加之我们每一个人，对建筑物来说都是自我为中心的利用者。在建筑杂志里的"是的,我就是那位建筑师的作品"那样周周正正的建筑物,在我居住的这个城市里肯定找不到。

从哪里开始算是建筑

那么,我们的城市是怎样形成的呢?再回想一下从家里到车站的路。徒步只需二十分钟的路程,可是,让我只数道路两边儿的建筑,我也数不过来(说真话是想不起来),建筑的类型也是各种各样的。重要的有被指定为文物的神社(的确是一栋优美的传统建筑),简陋的有住宅前院搭建的板条结构的仓库(库房里放着现在完全不用的贵重品)。

那么,狗窝和鸽子房算不算是建筑呢,这样的疑问马上就会涌上来。在我家附近,有一个建了鸽子房的住宅。木匠建造了住宅的屋顶,接着居民搭建了鸽子的住宅。两者在物理状态上,甚至在精神状态上(指居民和鸽子之间)已经融合在一起,两者已经化为一体,变成一个建筑物。

警察的岗亭(派出所)是建筑,那么,电话亭呢,马上有这样的疑问。

为了促进市民们对警察的爱戴,最近派出所经常采用大胆的设计。不仅内部有警察的居住空间,而且岗亭都让建筑师来设计,它们变成了建筑设计的实验田,从这一点上就可以说它是地地道道的建筑。可是,太过大胆的实验,使得有些派出所超出了建筑物的范畴。好几次我都以为是放在路上的闹钟或者存款箱呢。

相反,因为电话亭是透明的,只能装进一个人(如果硬挤的话能挤进三个人),没有人会认为它是建筑吧。然而,在各个地方都流行的城市复兴运动中,电话亭也被硬充成当地建筑景观的一部分,到处都是。这样,电话亭本来不是建筑物,却不得不装出一幅建筑物的面孔。

　　幸亏在我居住的城市的车站前，没树立什么纪念碑，不过，在全国各地的车站前，经常有既不象雕刻又不象建筑的构造物，那算是什么呢？有人把它们和路灯和板凳和垃圾箱算在一起，通称为"街道家具"。的确，雕刻品在家里也被当作摆设来对待，可是如果这个东西是自称雕刻家、或着被别人认为是雕刻家的人做出来的话，那么他们一定会反驳说那不是家具而是艺术作品。

　　顺便说一下，我听有人说过，建筑与雕刻的区别在于里面有没有厕所，这种让人似懂非懂的论断。真是，要想规定两者之间明确的分界线，如同陷入沼泽，会越搞越不明白吧。

临时性建筑

　　上文主要是针对能亲眼目睹的、空间上的分界线作为讨论的要点。另一方面，还有一个肉眼看不见的时间上的分界线。当然，建筑中时间也在流逝，有婴儿般的建筑，也有老人般的建筑。如果把竣工当成是出生，拆除当作是死亡的话，竣工以前还不是建筑，拆除之后就更不能说是建筑了。

　　可是，那些从出生到死亡的过程及其短暂的建筑，譬如节日期间出现的只有几天寿命的临时建筑（它们过早的死期是预先就被决定了的)，要怎样接受以上的概念呢。

　　不管对法隆寺是世界上最古的木结构建筑感到多么地自豪也好，所有的建筑物都有寿命，永远存在下去的建筑物是不可能有的，只是长久性建筑还是临时性建筑的区别，不过是寿命长短的差异。而临时性建筑的说法，是以建筑是永远存在为前提的。因此，如果两者之间存在着区分的方法的话，只能看事先是否设定了"死亡期限"，也就是说在建造的时候是否已经有了拆除的计划。

城堡、宫殿、原爆穹顶

即使是住宅这种微不足道的建筑，人们也不愿意事前决定"死期"（居民不想决定），适合临时建筑基准的东西只有节日建筑和博览会建筑之类了，那么，又怎么看待建了又拆、拆了又建的伊势神宫呢？伊势神宫在建设之时就已经清清楚楚地决定了二十年后要解体。这种方法只能说是为了达到永远存在的目的，而采用了临时性建筑的手段。因为频繁地进行着返老还童的过程，不管伊势神宫的形式有多么古老，在物质上它是常新的，因此，联合国教科文组织的世界遗产评定会认为它不符合世界遗产标准，不予登录。

这样的临时性建筑，不能适当地编写到建筑史里。建筑史的基本体系就是把现存的建筑按照时间轴排列，之后讨论它们的风格和技术，到了近代再加上对建筑师的评价。各个时代，各种风格，各个建筑师的代表作，用好像会永远存在下去似的那种口吻来记叙。

写这些东西的时候，也是以竣工时刻作为比较的基准。如果不把竣工时的建筑当作作品本身，把建筑的经年变化也考虑进去，那就连按时间轴来排列的事也做不到了，结果会导致建筑史变成非历史学。这样一想，象伊势神宫这样性格暧昧的建筑，无论把它放在日本建筑史的哪一阶段都觉得不踏实。因为不管它的形式有多么古老，说到底它不过是想传达古老风格的现代建筑罢了。

具有明确的临时性的建筑实例，从一开始就注定了不会出现在建筑史里。庆祝明治时代的两大战争即中日甲午战争和日俄战争胜利的如同雨后春笋般地林立的凯旋门，就是不会被建筑历史当作对象来记录的建筑实例。

中日甲午战争的凯旋门用植物装饰的实例很多，即所谓的绿门。1895年5月，东京日比谷练兵场出现了高达100尺（约33m）的难以置信的大体量的凯旋门，不过，它的整体还是用植物叶片覆盖着。看看近摄的照片，就能看见露出来的骨架圆木，由此可知它们的结构是空架子。

然而，10年后的日俄战争后，绿门销声匿迹，相反开始流行看起来象是石结构的壮丽的凯旋门。不由自主地写了"壮丽"二字，因为只能在照片上看到。在当时爆发性地流行起来的明信片里，各地的凯旋门都留下了美丽的倩影，可是，不论哪一个实体其实都是木结构，只是外装修用了砂浆装饰的虚假的建筑物。时间长的，能维持一年多，但是因为风雨的侵蚀，显出破落的样子。

两场战争仅仅相隔10年，19世纪末和20世纪初的这两场战争之间的凯旋门的两种造型，说明了日本人的造型感觉发生了巨大的变化。即前者是用植物来构筑建筑物，它是临时的，虚假的，暧昧的（这是19世纪节日和展览会上的造型的常套），这些特性表现得明明白白，而后者着意掩盖了这些特性。

当然，即使掩盖，在当时人们的眼里，谁都知道那是临时性建筑（只能看照片的我们是没法辨别的），在它身上，人们追求的最高价值就是仿真程度。掩盖了虚假性结构的凯旋门，正反映了当时沉醉于日俄战争胜利的气氛中，认为这下子可以和西洋世界平起平坐了，从此可以扬眉吐气这样一种日本国民的心情。

同一时代的、体现了相同趣味的另一个建筑是东宫御所（皇太子的皇宫、之后的赤坂离宫）。它于1906年竣工，是和辰野金吾一起学习了西洋建筑学的第一代建筑师、片山东熊的作品，明治政府和当时的建筑界、美术界对这个工程全力以赴，它是明治维新以来一直推进西洋化的皇室总算到手了正统西洋风格的宫殿（在皇宫里建设的宫殿是和洋折衷样式），可是真得住进去后，才发现很不适宜居住，因此不怎么用这个豪邸，战后被指定为重要文物，变成了永远要留下来的建筑（村野藤吾修理过这栋建筑，小矶良平画了壁画），现在它成了迎接国宾的迎宾馆，变成国家财产，并且对一般国民的参观采取了严格的限制管理措施。

我只路过过那里，没有进去看过，我想它肯定是粗糙的、贫弱的、让人叹气的建筑。只要模仿了风格，必定会产生的建筑空间上威严壮丽的效果，这种想法或许只在内部空间得到通用。

我也没有进去过（申请过参观，抽签没中上。看了照片。看了渡边义雄的写真集《迎宾馆》。从照片上看是很壮丽。明治期的画家们倾注了所有的力量，创作出来的壁画和吊顶上的绘画也让我深思），却为什么要说知道里面肯定是那样的呢，因为我走访过泉布观，对明治皇室的赤坂离宫来说，泉布观是它的出发点（明治三年在大阪建造的天皇的迎宾馆），它的贫穷让我惊叹。在那里看到了用油漆画模仿花砖铺地的木地板。并且楼里贴着"多数人同时上二楼的话，地板会塌陷、要注意"这样的提示。这些细节正是象征了明治国家的从简建设的景象，不过，我的的确确地感到这里是日本近代的出发点。

在泉布观之后，以及为了举行舞会和演出而建的鹿鸣馆落成不久后，开始建造东宫御所。因此，比起同时代的凯旋门，它只能是使用了稍好一些的材料而已。但是，在建筑史上却写着从泉布观到东宫御所体现了从临时性建筑到正统西洋风格建筑的历程，这种说法与我的看法有很大差距。

可是，这样把赤坂离宫当成正统的西洋建筑，赋予它以明治时代的代表作这样不可动摇的地位，在它前后曾经出现过的临时性建筑已经被人们遗忘了吧。这样，人们的眼里就看不到明治时期贫穷的日本。而对当时的日俄战争后的东京市民来说，凯旋门和东宫御所应该是一回事儿，他们的心情肯定是至少在东京应该建一个永久性的凯旋门。

"复原"，返回到哪里

在建筑界里，建筑的"复原"不用"复元"① 的"元"，而用

---

① 在日语中，建筑用"复原"二字，表示修复时忠实建筑的历史状态，保证修理的"真实性"的复原。用"复元"二字的时候，指历史实物已经不存在的状态下的新建，不能保证复原的真实性——译者注

"复原"二字。相反，建筑以外的领域，不太使用"复原"这个词。在一般会话的时候，不会意识到文字的写法，可能会认为自己在说"复元"吧？不管怎么说，这个词语是以竣工时为起点来考虑建筑这样的前提下才有的，这样就可以回避应该恢复的是"元"还是"原"的问题了。

然而，如前所述，竣工时的建筑，只有在建筑师和建筑史学家的头脑中，或是建筑师的资料文件夹和建筑史的书中存在（以设计图纸和竣工时照片的方式存在），建筑是持续变化的，仅这一点也是很难解决的难题。

自觉这是个难题的，难道只是那些诚实的技术人员吗？那些对文物保护怀有使命感，认真地从事复元工程设计的人们吗？可是，还有另一个世界存在着，就是没有设计图纸，也没有竣工照片，却进行着捏造式复原的世界。那就是"城堡"的"复元"。这种行为在现代日本的各个地方都能看到，要举例的话多得很。如果到城下町①去走一走，大概都能看到复元后的"城堡"。岂止如此，在热海城、下田城和千叶城（正式应该称作千叶市立乡土博物馆）这些本来不是城下町的地方也竖起了天守阁。

"城堡"的复元有三种典型类型，让我们按顺序来看一看大阪城、名古屋城和挂川城。大阪城已经变成现代大阪的象征，具有不可动摇的地位。要说关于大阪的什么事的时候，媒体都不约而同地、肯定要拍大阪城的影像。的确，大阪街市从淀川河口发展而来，在上町台地大阪城傲然耸立，加之天守阁高达55米，直到近几年为止，它一直是大阪最大的高层建筑。

---

① 日本的"城"，与中国的"城"是同字不同意。日本的城是各地方权势者的城堡。其中心建筑物为天守阁，建筑群不是水平向展开，而是如城堡，为高层，具有很强的防御功能。内部空间很小，仅供藩主或诸侯等居住使用。在城外的周围，形成的大众们的街市，称为城下町——译者注

城堡、宫殿、原爆穹顶

　　大阪城的天守阁，不管谁说什么，它是 1931 年竣工的近代建筑。钢筋混凝土结构，外观五层，内部八层，建设当初就设置了电梯。承担施工的大林组运用了当时最先进的技术。它刚好够建成 50 年的文物登录标准，作为优秀的近代建筑，得到了高度评价，于 1997 年被登记为国家有形文物。

　　城主大人站在天守阁的最高层凝视城下——这种对城堡的通俗印象，在大阪城反而没有。因为长期以来，大阪都是幕府的直辖领地，幕府派遣城代①来管理城堡。也就是说，本来城主应该是将军，直到幕府末期将军家茂②和庆喜③居留大阪城为止，大阪城是没有城主大人的城堡。原本就是商业城市的大阪，武士的存在感本来就很淡漠。

　　天守阁在 1665 年因落雷而烧毁，以后再也没有重建。即使这样也没出问题，意味着 17 世纪后期，天守阁已经不是城市必备的建筑了。到幕府末期，政治中心迁移到了京都，大阪城也开始表现它的政治性存在，可是因为戊辰战争④，烧毁了"本城"（中心部分，内城）和"二城"（第二圈围城）里的很多建筑。

　　复元设计大阪城时，无视江户时代的历史，一心想要恢复丰臣秀吉时代的样子。可是，复元需要的根据——设计图纸，没有，照片当然更不可能有。这样，就把黑田家遗留下来的"大坂夏之阵图屏风"（大阪城天守阁藏）上描绘的天守阁的样子当成了根据。再者，在纪念竣工发行的小册子《大阪城》里记载着，设计时参考了

---

① 替代天皇守护城堡、传达天皇命令的官职，为江户幕府时代的官职——译者注
② 德川家茂为第 14 代将军（在职 1858–1866 年），纪州藩主齐顺的长子——译者注
③ 德川庆喜为第 15 代将军（在职 1866–1867 年），德川齐昭的第七子。1867 年将大政奉还给天皇，成为德川幕府的最后一位将军——译者注
④ 1868 年（庆应四年、明治元年、戊辰之年）始、延续到第二年的新政府军和旧幕府之间战争的总称——译者注

冈山城天守阁、大垣城天守阁、广岛城天守阁、松本城天守阁和丸冈城天守阁。

因此，大阪城是在昭和六年建设的、地地道道的真实的城，更确切地说是真实的城的复元，不过，从设计或材料或施工方法上说，不能说它是丰臣家族建设时的城堡的正确复元。纵使复元是正确的，因为是复元物件，因此也只能说它是仿真的假东西。假如一丝不苟地、完美地实行了复元工程，那么，它就会变成真货吗？这和没法断定前面举的伊势神宫的例子一样，什么是真货、什么是赝品，它们的界限如何区分，这些提问迫使人们必须进行深入的思考。

大阪城的复元方法，变成自那以后的"城堡"复元设计的一个典型套数。在明治末期，和大阪城比规模要小得多的天守阁，人们也开始搞它们的复元设计了。可是，掀起复元设计高潮的最大的原因，可笑地竟然是1945年的空袭。因为空袭，导致众多的天守阁遭到破坏。日本国土变成野火烧尽了的荒野，大概过了10年之后，在昭和30年代，作为战后复兴的象征，复原重建的天守阁相继诞生。人们把这个时期称做"昭和筑城高潮"。

也许大家都下了决心，一定不允许再次出现城堡烧毁的现象，各地的人都毫不犹豫地采用了钢筋混凝土结构。这个时期复原重建的城堡，内部空间全都采取了接纳大量人流进入的形式。大多数在内部开设了乡土资料馆，在外部只是眺望的对象（江户时代也是这样）。天守阁的性质发生了根本性的变化。天守阁变成了居民们和观光客们鸟瞰城下的展望台，多次改造通向最高处的台阶、阳台以及窗户。

名古屋城的天守阁于1956年竣工，与大阪城不同，直到1942年5月14日早晨美军从空中大举包抄而来的时候它还健在，在那之前也被指定为国宝受到了保护，所以复原时需要参考的实测图纸和照片很齐全。然而，有这样的好条件不用，他们在复原的时候还是象大阪城那样,采用了钢筋混凝土结构,让内部可以进人。考虑到观光客们的方便,最高层的窗子改造得很大,并设置了电梯。近几年更甚,天守阁的外侧也安装了电梯,高龄者和残疾人不用爬天守阁的石台阶就能进到天守阁里。接受了"无障碍 barrier-free"观念的天守阁,抛弃了它本来是"障碍集大成"的固有特性。

可见,复原重建的名古屋城是明白无误的假东西。现在既不是国宝也不是重要文物。仅仅是有着"城堡"风貌的建筑物,仅仅是真东西的复原物。

挂川城天守阁竣工于 1994 年,比"昭和筑城高潮"晚了四十年,工程主建人挂川市长也说"挂川市没有经济力量追逐复古高潮,我当市长的 10 多年里,乡土史学家和慈善家们都对我说'请建造天守阁',我还是不能做出决断"(榛村纯一·若林淳之《挂川城的挑战》静冈新闻社,1996 年)。它是迟到的复原城堡。

这个市长决定复原城堡也有他的理由。那就是地域振兴,即所谓的城市复兴运动。为了使人们的注意力集中到挂川的历史和文化,想到复原天守阁的方法。它没赶上"昭和筑城高潮",可是与那时的复原城堡全用钢筋混凝土结构不同,挂川城把复原木结构的城堡当成目标。可是,因此建设费用从钢筋混凝土结构的 6 亿 5000 万日元一下子高涨到 12 亿日元(约 7800 万人民币)。

结果,建成以后,不仅高声宣呼它是"日本第一次正宗的木结构复原天守阁"(引自此城堡的宣传册子),并且强调工程里全部使用了国产木材(青森扁柏)。即在追求建筑形式的正统性时,对材料也提出了正统性的标准。在韩国汉城的景福宫也进行着历史建造物的复原工程,可是,近几年,复原工程的杜撰性遭到非难,其中一条攻击材料就是既然是王宫,为什么大量使用加拿大进口的木材?这是很好地表达了现代的民族主义倾向影响到历史文化的事例。

然而,建筑复原的真实性应该首先在设计里体现。16 世纪末,山内一丰建设了挂川城天守阁，它因1854年的东南海大地震遭到破坏，之后被拆毁。只有几幅图画流传下来。更重要的线索是，山内一丰移住到高知以后，在高知城的筑城记录《御城筑记》里写着"天守之仪，远州挂川之天守之通"这一段话，根据这个记录，复原工程的有关人员想到高知城是模仿挂川城建造的，那么这次挂川城只要模仿高知城就行了。话虽如此，高知城在1727年也因火灾烧掉了天守阁，在1753年重新建造了现在的天守阁。假定那时的重建是元元本本的复原，现在的挂川城复原天守阁还是拷贝的拷贝的拷贝。

在我手头有三浦正幸写的《城堡鉴赏基础知识》（至文堂，1999年），著者在卷首写着"鉴赏城堡的注意点"，激愤地谴责着复原重建的城堡。"今天的城堡，可以说是冒牌货泛滥，只有很少的一部分真货遗留至今。譬如说，遗留下来的真实的天守阁，全国仅有12座，战后复兴的（有时是完全新建的）天守阁就笔者所知就有48座。而且这些复原都不太确实。岂止如此，完全错误的事例占绝大多数，被完美地复原了的天守阁至今还没有一例出现。"

这个作者的意见不一定和我的一致。如上面举的三个实例那样，复原的程度有各种各样的标准，同时，即使是真实的建筑，也有变化的可能性。前面说的12座天守阁，它们的真实程度也各不相同。

彦根城和姬路城在庆长年间（17世纪初）建成，是需要天守阁的时代的产物。然而，12座天守阁里，最新的松前城，在1642年建成，1784年因落雷而烧毁，到1852年年才重新修复。幕府末期的复建工程人员不可能如现代的文物保护主义者那样，努力做到忠实地返回到200多年前的建筑的样子。如果对当时的城郭来说，已经失去了实用性的天守阁还是必需品的话（如同现代的挂川市民那样），人们会根据当前的需要来改造天守阁。它是把这些变化也加进去了的真货。

对于复原来说，要在真品还是模仿品之间断然地划一条线，非常困难。

破坏—东京站也能变成原爆穹顶

也许有人会愚蠢的设想，如果原子弹没有投到广岛，也没有投到长崎，而是被投到了东京，造成胜过东京大空袭的灾害，由于核气浪的冲击，东京站的穹顶烧得半残，在战后复兴的过程中被原样留下来，再被命名为"原爆穹顶"，呼吁为了不忘记原子弹的灾难而号召把它保护下来，之后，抵抗住加害者美国的反对，在联合国教科文组织的世界遗产项目里面，不申请自然遗产，而是作为文化遗产申请登录，这完全有可能。

为何要这样假设，因为广岛的原爆穹顶并不是从一开始就是原爆穹顶，如同上面叙述的那样，通过那样的过程变成原爆穹顶。

原爆穹顶建筑，原本是广岛产业陈列馆（之后改为产业奖励馆）。由捷克建筑师杨·雷茨鲁设计，最初它也是引人瞩目的建筑，但不是广岛市里唯一拥有特权的建筑。原子弹爆炸，广岛化为废墟的一段时间里也是那样。除了它以外，还有几个坏了一半的建筑。原爆两年后的夏天，1947年8月，广岛和平祭协会选"原爆十景"的时候，也没有产业陈列馆。这时选出的十景是赖山阳纪念馆屋顶没掉下来的瓦，广岛市政府没烧坏的防火幕墙，也就是发生奇迹的场所。因此，如果产业陈列馆承受住核气浪而丝毫没有损伤的话，当然就会被选上了吧。

逐渐地，这个建筑被叫成和平穹顶，接着又被称作原爆穹顶。初次被称作原爆穹顶，据说是在1951年。然而，第二年的昭和27年8月6

原爆穹顶的建筑？遗迹？（2002 年）

市民喜爱的派出所？（1999 年）

日,从联合国军最高司令官总司令部的检阅制度中解放出来,首次发行的岩波写真文库《广岛战争和城市1952》一书里,刊登着满是涂字画鸦了的和平穹顶(大多是拉丁字母,大概是来访广岛的美国人写的)的照片,这时候距离它变成神圣不可侵犯的建筑还远着呢。

原爆穹顶的特权化,是以原爆穹顶为起点设计广岛和平纪念公园为始的。这时,原爆穹顶和原爆慰灵碑以及广岛和平纪念资料馆就被拉在一条线上了,但是,并不是说原爆穹顶的保护因此就决定下来了,很多次它出现倒塌的危机,因而为了应急性的修复工程,多次募捐资金。就是说,这个坏了一半儿的建筑(实际上是全坏了,不过是没有倒塌而已)没有被作为文物来保护。如果它还是产业陈列馆的话另当别论,几乎只剩下墙体的残骸,在建筑史上几乎没有价值。

原爆穹顶从另外一个观点上得到了评价。首先给它赋予反战和平以及废除核武器的象征性意义,接着它被当成是"战争遗迹"。当然,在1996年申请世界遗产登录的行动,也是这个想法的延长,不过,它的前提条件是首先要受到国内法的保护。由于这个缘故,长期以来没有伸出保护之手的国家,趁停战五十周年的时机,指定原爆穹顶为史迹,适用于文物保护法。澄清一下,它不是作为建筑物而得到保护的。

这样,建筑不再是建筑,却被赋予其他意义,继续存在下去。因为遭到了破坏,而获得了其他的意义,为了保持这个意义,就不得不保护破坏的状态。虽然这么说,过去密密麻麻地写满了一面墙的涂鸦,被干干净净地抹掉了。在这里,又让我们自问,什么才是应该恢复的本来面目。

一说建筑这个抽象的词语,实际存在着的建筑的可疑性就会渐渐地看不见了,试着打破常识性的建筑概念,不知不觉地走到了这片勉强挺立着一面墙的原爆穹顶来。可是，它不是仅仅记录着破坏的伤痕之墙。在墙体遭受破坏的一瞬间之前，它是建筑，在它内部曾经有人工作过——这个现实，不是我的亲身经历，但是，当我站在原爆穹顶的前面，我的眼前忽然浮现出这一景象。建筑就剩一堵墙了，它还是很深奥。

木下直之/东京大学副教授·文化资源学

● 同建筑抗争

给得过且过的人的忠告

石山修武

"差不多就行",这种作法我做不到。自己给自己打分的话,谈到性格、兴趣、品位的时候,确实是"差不多就行"的想法,可是,对象变成建筑设计的时候,就不能说差不多就行了。设计途中,经常会这样想:设计做到这个程度停下来的话,让大家放心,也能得到普遍的称赞,委托我做设计的人也会增加。可是,即使明白这些道理,身体根本就不听话。身体不听自己脑子的指挥,自己和自己过不去所花费的巨大精力,最后让自己也感到吃惊。

虽然晚了点儿,我最近还是意识到:少许、适可而止、适当地修正一下自己的设计观和价值观,让它们达到平衡状态的话,肯定会得到幸福的,于是,开始在自己家的屋顶上开拓菜园。我想在菜园里栽培一下茄子啦,黄瓜啦,西红柿,可能就会找到"适可而止"的感觉。也就是说,如果过着为发芽了的豆角准备竹竿,或除除杂草的日子的话,也许能培育出适可而止的感觉。

这样,被我命名为"世田谷村"的我家屋顶上,搬来超过22吨的土壤,播下味道很重的柬埔寨草籽,又试着种了尼泊尔山地的荞麦,结果屋顶上不知收敛的花草开得疯狂,菜园又变成了"非适可而止"的状态了。

想出把食物垃圾埋在屋顶菜园的想法,也不能做到适可而止的程度。埋呀、填呀、一个劲儿地填埋,最后到了每天早晨厨房里倒不出食物垃圾就变得不高兴的程度,结果变成了为了"生产"垃圾而吃饭的状态。

这种状态也是"自我完结、自给自足"的观念不知道在适当的程度下停下来,过度膨胀的结果。在屋顶上埋食物垃圾这样的事,用不着理由,是当然的事,不过,给这个行动贴上"自给自足"这个生活观念的标签,事情就变得麻烦了。食物垃圾本来可以在规定的垃圾回收日扔出去的,可是,全让我搞到屋顶上了。这样,屋顶上全是食物垃圾,瞄准着这个目标,乌鸦们开始袭击屋顶。我又被困,开始做乌鸦防护网。差不多停下就行了，可是由于做防护网上了瘾，想出奇形怪状的玩偶形防护网，于是，屋顶上晃晃悠悠的玩偶人群出现了，让周围的居民们大吃一惊。胆小的儿子被朋友问到："是在你家附近吧，有一栋奇形怪状的家，有个怪老头老在屋顶上的那个家。"儿子不敢告诉朋友，那就是自己的家，那个屋顶上面的傻瓜老头就是自己的爸爸，说不出口。从那以后，我儿子从家出去的时候，总是谨慎地确认周围有没有朋友在场，趁谁都不在的时候，装作一幅不相识的面孔，好像自己家不是这儿的样子出去。

让儿子都那么为难了，罢手别干就行了吧，还是停不下来。又开始构想在屋顶建造防乌鸦的小房。这个小房的草图也不知画了多少张了。还是，事情一开始，就觉得有趣儿，又变得停不下来。

我想，不知道在适当的程度停下来，不知不觉地倾斜过去，这不是卷涡一直旋下去不知停留的巴洛克性格的典型吗？可是，虽然是自我评定，我的建筑与巴洛克离得很远。我喜欢巴洛克或低级趣味或模仿品，不过，我设计的建筑不是那样的东西。只是在屋顶上埋食物垃圾的事，也和"自我完结型生活"之类的观念挂钩，这种行动和观念总是粘在一起不分离的地方，好像是我的建筑的基本性格。设计概念之类不够明快。我对学生摆着老师的面孔说："唉，再把你的概念理清楚一些"，而我自己的建筑就不是概念清晰的东西。反而是把一种感觉性直接变成形式，变成建筑素材，因而得出空间。那些观念有时是对技术的想法，有时含有对当时社会的批评性，会做出各种各样的面孔，不过，核心没有太大变化。

试着想想这样的性格从哪里来的。每次都是从零开始考虑，自己也常常想这种方法的效率真是太低了。

我搞设计没有建筑师的老师。没有在建筑师下面做设计的经历。因此，为了学习设计，我花费了很多的时间。没有做过正统的训练，几乎完全是自我流派的自学。所以，即使是上了岁数，自己也认为我的设计如同一人在原野上到处乱跑着。这个样子,如果往好地说是自由,也许看起来是那样,不过,如果仔细地看看自己的体内,就会发现擦伤,创伤不断。甚至不必要负的伤也比比皆是。我常常想,如果跟着建筑师学习的话,就不至于伤痕累累了。所以,常常跟学生说,自己去发现好老师,跟着他们做好基础训练。

但是,我的一切的一切都是自我摸索出来的吗?很明确地,不是那样。我从历史中学习了很多。又幸运地,在友人之中有最好的历史学家,通过跟他们交朋友,从他们那里直接地学到很多东西。其间的事,让我试着叙述几个例子。

虽说通过历史学习了很多,并不是指通过历史书籍学习了许多。而是更活生生的人的历史。也就是,具体地在某个地方、或者通过和某个人的接触,而感悟到历史观。

而且,说到底如果说建筑设计能够开花结果的话,那么,只有在跟历史格斗中才会产生那样的成就,最近我对这一想法逐渐有了信心。说成格斗,这句话可能太好听了,真实的样子可能没那么神气。自然地行动着,就会被历史的大海吞没,于是拼命地让自己的头能浮在波浪之间,如果可能的话,试着扔进什么东西,期待能激起一些微波,老实地说,我现在正是持续焦躁的时候。对历史的抽象性思考就谈到这儿,接下来谈一谈我自己的 10 年,谈一谈从我自己的卑俗的历史中重新考虑到的事情。为什么要这样呢,因为这篇文章的目的是给那些年轻的建筑师预备军及建筑专业的学生,以及想选建筑做专业的高中生诸位当向导,把编撰教科书定为目标。那么,最好的教建筑设计的方法,就是谈一谈我的历史。教设计的事,正如建筑师与历史做斗争一样困难,付出的多,收获得少,因此也很有趣。

不是专业主妇,从专业建筑师变成教师兼建筑师,已经 10 多年过去了。这个时间很长,也是最苦的时期。把工作场所搬到大学研究室以后,每天都真是惨淡度日。图纸中最容易画的展开图,研究生也不会画，教他们绘图方法的同时，进行着建筑施工。这样的事，也不是值得骄傲的，可是记忆中可真没有过舒舒服服地睡上一觉的夜晚。有一训几句，就哭起来的学生，也有连电话也打不好的家伙。

来大学之前，我在城里的设计事务所里有非常能干的职员们，事情差不多全部都让职员们干了。在设计事务所里作出指示，剩下的事基本都靠职员们了。真是很优秀的职员。建筑师们都是被职员们扛着走的。因为这样，常常会冒出"全都让职员们给搞定了，真的是自己设计的吗"这样不安的想法。说是自己盖了房子，真的是自己的设计的吗，也有过这样的自问自答。来大学工作的时候，往返于事务所和研究室之间也许更好，不过，我直觉认为那样的方式不适合自己的个性。我的原则是不能把事情做到一半就不管了，如果要教人，就必须扎根到学生中。这个想法到现在也没觉得有错，可是，实行起来就会遭遇难以置信的困难。因为不能预料前景，没有这样常识性的能力，导致总是处于困难之中，到了那个处境，才开始意识到事情的重大。自己虽然是建筑计划系的教师，却不能计划自己。

话虽如此，我也知道大部分的难题都是能解决的，受惠于那些如门外汉一样的助手们。1990年以来的作品，就是这样，一边挣扎一边建造着。它们是东北的理阿斯·阿库美术馆（Rias Ark Museum of Art），冈山的建部町国际交流馆，福冈的集合世界①（Nexus World）的石山栋等。虽然全都不是满意的作品。当然也不是为了满足而做的，不过，我总会想就这个水平的助手们，做到这个程度，也算是竭尽全力了。顺便说一下，我的最初期的助手们，现在大家各自独立了。有开建筑设计事务所的，有当建设公司社长的，没有一个人去做大公司职员。

---

① Nexus World 位于福冈市东区的填海地，有250套住宅的集合住宅区。由矶崎新做总策划人，选出国内外六位建筑师做了设计，1991年竣工——译者注

最近几年,春天的时候,我的研究室开始召开同学会了。可是,这几个家伙却怎么也不来出席。我知道,那是因为他们还没有能让我看到满意的建筑作品。还在好好地干着,我知道我教给他们的野心、理念、理想还没有死。所谓建筑师的师徒关系就是这样的关系。他们还在和我较劲。因为我也在想,如果我的门生在某一时刻给我看了他们的建筑作品,要是比我现在设计的作品好的话,我会认为他们进化了,我就即刻引退,所以我也是在迂回作战。

可是,对当初外行一样的职员和助手们,我也心存感激。为什么这样说,因为我从原来被设计事务所职员抱着走的建筑师,还原成我来带领职员、助手们奔走的建筑师。无论什么都得自己考虑、判断、被逼到不得不亲自行动的现实里去。人类大半是靠着惰性而生活的。昨天和今天以及明天,在不知不觉中,连续地过下去,这很容易。被抱着走,依靠着他人过日子的话,自己的意志在转瞬之间就会被消耗殆尽。这几年的自我复活、自我改革,让我的现实的身体负担了相当大的损耗,不过,我的精神却确实变得活跃生动。

20世纪末,即90年代落成的我的建筑作品,基本的方式就是,一边教,一边手脚并用地在现场中做出来。我这里没有设计技术纯熟的左膀右臂。当然这也不是一切,不过,这种状况迫使我必须什么都得考虑。所有施工现场都得自己去转,自己发出指示。现在想起来虽然很辛苦,但是,这样的情况不仅没有阻止我对建筑产生连续不断的新鲜的想法,而且连对建筑产生厌烦和失去那种好奇心的空闲时间都没有。靠建筑设计吃饭的最辛苦的是,无论怎样,都无法一个人来承担全部的工作。一个人慢慢地设计小住宅,小口小口地吃饭也是一种人生,不过,这样的设计人的生活方式会在途中面临极限。以这种方式,不能创造出大建筑的风格,也不能期望太多的工作。不管怎样,作建筑设计的话,不能同时处理多项事情的话,就不可能成为高手,人人都要面临这样的现实。设计是越做越有进步,要是不积累具体的经验的话，什么也成不了，受到经验主义的强烈制约也是确凿的事实。二十多岁的时候，想出了不起的革命性思想，登上建筑世界的舞台，搞建设，取得让社会惊奇赞叹的成果是不可能的。这正是建筑与诸多的艺术领域划清界线的地方。音乐家和画家、雕刻家等因为一个人能作，即便是年轻也能有所成就。年轻本身变成资本的事也会发生。可是，在建筑设计的领域里，那是不可能的事。因为建筑一定会产生客户以及职员这样绝对必要的因素。这种事情，尤其是在学生时代，可能是无法理解的世界。如果说漂亮点儿，就是建筑绝对需要他人的参与。如果自己的头脑具有想象力，整合能力不是坏事，不过，说绝对一些，没有这些能力也能做设计。首先比什么都重要的是，应该冷静地认识到他人参与的必要性。他人，不仅仅指那些活着的人们。还有一个，巨大的历史，无法想像的巨大的、时而如同妖怪一般的历史巨人，关于这一点在下面再做一些深入的思考。

现在，我正在尼采过世的住宅里写着这篇稿子。截稿日期老早就过了，几位约稿人的面孔浮现在眼前，知道这是无论如何也逃不脱的工作，可我还是逃到了德国，逃到魏玛写着稿子。即使是稿件，也有约稿人，有业主，这也让人难受。魏玛是包豪斯的诞生之地。现代设计，这个我们现在生活着的世界的大部分空间的样式，就是在包豪斯，以它为中心创造出来的。这是历史的定论。反驳定论也没什么意思。与定论作斗争也没有意义。因此不如跟着它走。可是，对我来说，我不得不认为现代主义风格正是我一生应该斗争的对手。正由于真的逃到了魏玛，而且在尼采的家写着文稿，才敢说这些大话。尼采在这里度过了晚年。尼采说神死了，并对欧洲文化中枢的基督教本身表示了根本上的怀疑。他跟瓦格纳的时好时坏的友谊也广为人知，同时，阿道夫·希特勒的纳粹主义一部分来自尼采的思想也是事实。因此对尼采的历史评价，至今还没法定论。

晚年的尼采被梅毒侵袭。他的才智也好，他的精神也好，都遭到破坏,据说一直处于梦游的状态。可是,据说对一生挚爱不已的音乐仍然执著,时而会一个人弹钢琴。

现在,我关在尼采住宅里,是为了出席豪斯大学的特别演讲会,做我个人的经历讲演。背负着包豪斯这个现代主义设计的历史名牌的大学,在欧洲里算是很前卫的大学。每三年召开一次国际会议,从全世界邀请来许多哲学家、社会学家、评论家,互相讨论。我并不是说我已经有名到了被邀请到德国魏玛来的程度。只是和这里有些个人关系。当然不是和法西斯主义脱不开关系的那种血缘地缘的关系。在日本九州的佐贺,我和包豪斯大学合作了三年,一起召开学生设计训练班 workshop。这个活动可以算是针对日本建筑教育的局部战。从那以后,就和包豪斯大学有些联系。卖弄小聪明的人要把人际关系美言成"制作信息时代的网络"。说这种时髦话的人大多是无能的俗人。人即便是无能也好,不过,不能当俗人。无论在欧洲也好,美国也好,更不用说现在正是繁荣时期的中国等世界各地的建筑界都是靠人际关系而构成的。除此外什么都没有。在其他的领域里,或许有孤立无援的天才存在,在建筑的世界里绝对不存在这样的人。哎,怎么变成了这样的话题。

对了,谈的是包豪斯。现在,应该继承包豪斯历史的大学教育实践也遍布了人际关系。当然,即使是原始的包豪斯运动也是这样。格罗皮乌斯和表现主义中稍微表现了民族性的约翰内斯·伊顿(Johannes Itten)之间有争执,伊顿离开了包豪斯。即使是应该成为胜利者的格罗皮乌斯,也因为和背后跟着巨大的法西斯主义的希特勒作斗争,逃到美国。密斯也逃亡了。这样,现代主义运动的中心一时间转移到美国。即便说做斗争,也有"大斗争"和"小斗争"。

现在由于不景气,建筑业的人们全都因为金钱的问题摆着苦恼的面孔。即使是我也一样。可是,稍微细细地倾听一下历史,就会发现每天为钱而斗的事是多么地渺小,是谁都要体验和经历的小小的战斗。更麻烦的是大战斗。

到底是在魏玛,就变得想要效仿阿道夫·希特勒了。战斗,战斗,说着大话。还真有点儿《我的奋斗》的语调吧?

至今为止,我做了很多建筑方面的工作。赤贫的生活也体验过了。从这些经验来看,每天的辛酸,痛苦,包括金钱上的烦恼,或者人际关系的纠纷,想办法都是能克服的。这样说,肯定没错。因此,对这些事不需要费心。靠建筑设计能不能吃上饭之类的俗气的烦恼就更不必要了。这些都是车到山前必有路的事。还有,除了一小部分因为建筑设计获得了极大成功的英雄们,设计并不是能赚钱的工作。想赚钱才走上建筑设计道路的人,是没脑子的愚蠢的俗人。可是,如果你有了即使贫穷也不介意的明确的精神准备之后,走上这条道路,那就没有比这更有趣的工作了。说是贫困,在富裕的日本也不会穷到哪儿去。不至于苦得如印度路上生活者那样。肯定不会有因贫穷而死的事,那就可以放心了。考虑这些事本身就是徒劳的。这样,不管怎样,作好精神准备,把建筑设计当成工作,再说一次,绝对没有其他比这更有趣儿的工作。你可以随心所欲地与历史和社会做斗争。或是说,可以给自己一个正在做斗争的自我感觉。把历史当成对手不好对付的时候,那就把社会当成对手,那可简单的多了。因为建筑设计的本质就好像是社会规划一样。包括住宅设计在内,所有的建筑设计都可以说是在设计社会,换句话说,在设计各种规模和尺度的人们集体生活的场所。如果真心实意地去作这些设计的话,设计就必然变成与社会做斗争的过程。为什么这样说,如前所述,包豪斯发起的现代主义设计在日本只是舶来品。不是日本社会应有的必然设计。对日本社会本身来说,还没有值得称得上是自发的、必然性成果的东西,历史上已经铸造了这种模子,有这种不良倾向,这样说的话,问题就变得更复杂了。简单地说,今后要想以某种程度的结果为目标来发展日本社会的话,以差不多就可以的态度去做是不行的,以果断的态度真心地思考建筑才行，那就必然变成了要与日本社会本身的矛盾做斗争。

用住宅设计的例子来说明的话，事情就更明白了。住宅是最直率地表达着国家文化水准的实体。各种各样的艺术作品表现出来的文化水准，只是整体文化的一个小小的侧面。而住宅表现出来的东西更为广大而厚重。为什么这样说，因为住宅是自然地表现出国家，地域的生产力水平，流通的合理性，被称作为消费的生活本身的质量的、如同媒体一样的东西。如果不想差不多就行了，而是当真地要好好设计的话，就不得不同那些不合理的生产系统，不合理的流通体系等巨大对手做斗争。在不合理的体系上面高枕而卧，不可能得到合理的结果。现存的体系不过是映照出不合理、及现存矛盾的一面镜子。在这样的体系中做出来的东西即便美丽，也不过是沙滩上的海市蜃楼。啊，又开始悲愤慷慨了。在诸位读者的眼里，我这激愤的样子有些滑稽吧。可是，看上去有些滑稽的样子，正是日本文化的特殊性质，这也是事实。

很明白，现代主义设计从包豪斯诞生，迂回曲折地漂流到日本。那之前的近代建筑是通过约瑟·康德尔而导入的。对这些历史过程，通过建筑历史学家们的研究已经搞得很明白。日本的近代，可以说是因异种文化、外来文化的标本飘流或者靠岸而来，构成的一个主题公园。这不是说把文化或地域特色当成主题公园的内容是坏事。从根本上说，日本这个国家的风俗本来就有这样的倾向，本性好像就是这样。

即使是我本人，主题公园式的特性，随便的习惯，浮游不定的现实性，这些特性在我自己的体内也确实存在着。因为我也生活在这样的城市里，这样的田园里，有这样的特性是理所当然的。可是，年青人，在自己体内构筑主题公园是很难办到的事。因为，那需要把日常生活本身游离于合理的现实之外。

建筑设计需要当真地去做。不是认真地做，而是真心地去做。因为日本人的认真有些奇怪的倾向。日本人的认真本身就有点儿主题公园的味道。当真地去做设计的话，在自己的身心内外就必然会产生可以称之为自然的各种矛盾和斗争，这些现象具有实在地、惊人的正当性。

石山修武/早稻田大学教授·建筑师

插图・照片出处

P31／オルセ美術館蔵エッフェルコレクション
P38／Franz Schulze, "MIES VAN DER ROHE:A Critical Biography", The University of Chicago Press,1985
P46／上：Robert Marks, "The Dymaxion World of Buckminster Fuller",Reinhold Publishing Corporatin,1960
P46／下：Sydney Le Blanc, "20th Century American Architecture",Whitney Library of Design,1993
P52／上：写真撮影：菅沼聡也
P62／写真撮影：和木通
P100／写真撮影：中里和人
P127／写真2：東京大学土木工学科橋梁研究室蔵
P127／写真3：写真撮影：伊澤岬
P132／図1：『新建築学大系40　金属系構造の設計』彰国社、1986年
P132／写真4："ENGINEERING NEWS-RECORD" 68.5.28
P132／写真5：ルーブル美術館蔵
P186／出雲国造千家家蔵
P194／朝日百科日本の国宝別冊『国宝と歴史の旅』、写真提供：朝日新聞社、写真撮影：桑原英文
P205／写真2：奈良文化財研究所、「重要文化財　旧米谷家住宅修理工事報告書」1994年3月所収
P207／写真3a：太田博太郎『日本建築史序説』彰国社、1970年
P207／写真4：奈良県教育委員会、「国宝　室生寺五重塔（災害復旧）修理工事報告書」2000年9月所収

相关图书介绍

《空间表现》
　　——日本建筑学会　编　32开

《空间设计要素图典》
　　——日本建筑学会　编　32开

《空间设计技法图典》
　　——日本建筑学会　编　32开

《住宅设计师笔记》
　　——泉幸甫　　等著　32开

《图解建筑外部空间设计要点》
　　——猪狩达夫　　编　16开

《医疗福利设施的室内设计》
　　——二井真理子　等著　32开

《建筑结构设计精髓》
　　——深泽义和　　著　32开

《居住的学问》
　　——杉本贤司　　著　32开

《紧凑型城市规划与设计》
　　——海道清信　　著　32开

《世界住居》
　　——布野修司　　著　32开

《城市革命》
　　——黑川纪章　　著　32开

《建筑设备环境设计——写给建筑师》
　　——伊藤真人　　著　16开

相关图书介绍

《空间要素》
　　——日本建筑学会　编　32开

《日本建筑院校毕业设计优秀作品集1》
　　——近代建筑社　编　16开

《城市设计的新潮流》
　　——松永安光　著　小32开

《简明造园实务手册》
　　——木村了　编　32开

《空间设计中的照明手法》
　　——日本照明学会　著　16开

《图解室内设计基础》
　　——渡边秀俊　著　16开

《充满生机的技术——激活建筑的结构设计》
　　——本书编委会　著　32开

《PC建筑实例详图图解》
　　——渡边邦夫　著　小16开

《色彩学用语词典》
　　——本书编委会　著　32开

《新共生思想》
　　——黑川纪章　著　32开

《建筑院校学生毕业设计指导》
　　——日本建筑学会　著　16开

《勒·柯布西耶建筑创作中的九个原型》
　　——越后岛研一　著　32开